이산화탄소는 생명의 기본 성분이자 생명의 영원한 동반자다.
모든 것이 이산화탄소로부터 나오고, 이산화탄소로부터 성장한다.
또한 모든 육체는 마지막에 이산화탄소가 된다.

물질 시리즈 6권: 이산화탄소 CO_2
독일 외콤 출판사와 아우크스부르크 대학 환경과학연구소가 함께 내는 책
편집자: 옌스 죈트겐(Dr. Jens Soentgen), 아르민 렐러(Prof. Dr. Armin Reller)

우리가 날마다 사용하는 물질들은 알고 보면 길고 긴 과정을 거쳐 우리 손에 들어온 것이다. 하지만 그 변화무쌍한 뒷이야기들은 물건이 된 완제품에 가려 묻히기 마련이다. 물질의 역사를 추적해보면 그동안 가려졌던 깜짝 놀랄 만한 사실과 만나게 되고, 지구에서 일어나는 수많은 갈등도 드러난다.

물질 시리즈에서는 사회, 정치적으로 여러 번 우리 역사의 변덕스러운 주인공이 되었던 물질들을 선별하고, 그 물질이 걸어온 과정과 사회적 배경에 대해 이야기하고자 한다.

물질 시리즈의 제6권으로 『이산화탄소』를 내어놓는다. 이 책의 주인공은 눈에 보이지 않지만, 인류의 중요한 동반자인 이산화탄소라는 물질 자체다. 기후변화와 마주한 오늘날 세계적으로 이산화탄소를 둘러싼 논란이 분분하다. 이산화탄소는 CO_2라는 화학식으로 아주 잘 알려져 있으며, 어디에나 편재하는 물질이다. 그러나 이산화탄소가 구체적으로 어떤 물질인지에 대해서는 그리 잘 알려지지 않았다. 이 책이 앞으로의 이산화탄소 논의에 새로운 지평을 열어 주리라 믿는다. 다양한 분야의 저자들이 이산화탄소에 대한 매력적인 정보와 지식을 전달해줄 것이며, 실험을 통해 이산화탄소를 생생하게 접할 기회도 제공될 것이다. 이산화탄소가 대체 어떤 물질인지 잘 알아야만 이산화탄소를 지속 가능하게 취급할 좋은 전략들도 개발할 수 있으리라.

CO$_2$

Lebenselixier und Klimakiller

CO₂

역사를 바꾼
물질 이야기
6

이산화탄소
지질권과 생물권의 중개자

옌스 죈트겐 & 아르민 렐러 지음 | 유영미 옮김

자연과생태

CO_2는 세상에서 가장 유명한 화학식이다. 물의 화학식인 H_2O보다 더 잘 알려져 있다. 하지만 물은 어느 모로나 사랑받고 높이 평가되는 반면, CO_2, 즉 이산화탄소는 거의 모두가 제거해야 할 대상으로 보고 있는 듯하다. 이산화탄소를 없애고 싶은 마음이 너무 크다 보니 이산화탄소 제거 공정을 담당하는 기술자들까지 생겨났다. 그들은 항공 여행을 하거나 종이책(콘돔이나 담배가 다음 차례일 것이다)을 만드는 과정에서 이산화탄소를 제거해 '탄소 중립'을 실현하고자 한다.

많은 영역에서 공적, 사적으로 이산화탄소가 열심히 부각되고 추적을 당하는 배후에는 중대한 문제가 도사린다. 이 책을 쓰게 된 것도 바로 그런 문제 때문이다. 인간의 활동으로 인한 이산화탄소 배출량 증가가 세계적 기온 상승을 초래하고, 기온 상승은 수많은, 매우 부정적인 결과로 이어진다는 우려의 목소리가 높다. 그러므로 기를 쓰고 이산화탄소 배출량을 줄여야 한다는 것이다.

맞는 말이다. 그러나 이산화탄소 배출량을 줄여야 한다는 그 점 때문에 더욱이나 이산화탄소를 있는 그대로의 물질로 취급하는 것이 필요한 것 같다. 이산화탄소는 도대체 어떤 물질이고, 어떤 특성이 있으며, 자연과 기술에 어떤 역할을 할까? 이산화탄소를 무조건 없애고 보려는 대부분의 사람들은 이산화탄소가 어떤 물질인지, 냄새는 어떤지, 맛은 어떤지, 어떤 작용을 하는지 알지 못한다. 없애고자 하는 물질이 어떤 물질인지 알지 못한다면, 없애려는 노력은 대단할지 몰라도 지속적인 성공은 거두지 못할 것이다.

이산화탄소는 지구의 열기가 우주로 빠져나가지 못하도록 무조건 막고 보는 고집스런 충전재 같은 것이 아니다. 오히려 물, 햇빛과 더불어 생물권(biosphere)에 없어서는 안 될 물질이다. 생물권에서 가장 중요하다고 할 수 있는 식물부터가 이산화탄소가 없이는 생존할 수 없기 때문이다.

그러나 생명을 가능케 하는 이산화탄소의 긍정적인 측면은 현재 거의 부각되지 않는다. 전문가들은 이산화탄소를 어떻게 없앨 것인지 내지 중립화시킬 것인지 제안하고, 이산화탄소를 배출하지 않고 살아야 한다고 주의를 주는 데만 열을 올린다. 이산화탄소를 '기후변화의 적' 혹은 '유해물질' 등으로 묘사하면서 난리를 떨고 사람들을 부추기면서 이산화탄소 본연의 역할은 간과하는 것이다.

이산화탄소는 필요한 경우 생산을 중단할 수 있는 화학 물질 같은 것이 아니라, 지구에서 일어나는 모든 일에 본질적으로 영향을 미치는 중요한 물질이다. 바로 그 때문에 인간의 활동으로 인해 이산화탄소 농도가 높아진다는 것이 문제인 것이다. 자못 미미해 보이는 대기 중의 이산화탄소 농도(0.038퍼센트, 2009년 기준)만 보고 착각해서는 안 된다. 이산화탄소는 대기 중에만 있는 것이 아니다. 지구의 모든 숲은 이산화탄소가 변한 것이며, 사과, 버찌, 빵과 포도주, 이 모든 것도 다름 아닌 이산화탄소가 변형된 것이다.

이산화탄소에 대한 대중적인 착각들을 죽 나열할 수도 있겠지만, 대신에 우리는 기후변화의 면전에서 이산화탄소에 대한 선입견을 불식시키며 이산화탄소가 대체 무엇이고, 중요한 특성과 기능이 무엇인지를 긍정적인 면에서 살펴보았다. 이 책은 다양한 관점과 다양한 시대를 배경으로 이산화탄소와 인류의 공통된 역사를 이야기하며, 마지막 장에서는 실험과 여행을 통해 이산화탄소를 구체적으로 살펴보았다.

맨 처음 글인 프리모 레비의 「탄소」만이 독립된 글로 다른 곳에 실렸던 것이며, 그 외 모든 기고는 이 책을 위해 쓰인 것들이다. 집필진은 이산화탄소에 대한 전기(傳記)를 함께 만들자는 옌스 죈트겐의 초대에 응해, 각자의 전문적인 능력을 바탕으로 이산화탄소를 이야기했다.

이 책은 〈물질로서의 이산화탄소와 그 역사(CO$_2$- Ein Stoff und seine Geschichte)〉라는 전시회의 일환으로 탄생했다. 이 전시는 독일의 박물관과 교육 시설들을 순회하며 열렸다(www.CO2-story.de). 이와 관련해 도움을 준 많은 사람들에게 감사하며, 특히 마누엘 슈나이더에게 고마움을 표한다. 슈나이더의 전문적인 조언 덕에 책이 한결 좋아졌다.

마지막으로 이산화탄소를 다루는 만큼 이 책을 어떻게 하면 이산화탄소를 배출하지 않고 기후 중립적으로 만들 것인지 고민했다. 책을 제작하는 과정, 즉 종이를 생산하고 인쇄하고 수송하는 과정에서 이산화탄소가 배출되기 때문이다. 배출량은 얼마나 될까? 전문가들은 대략적으로 인쇄된 종이 1톤 당 이산화탄소 5.5톤이 배출된다고 본다. 이 책은 약 750그램이니까 책 한 권 당 이산화탄소 배출량은 4킬로그램 정도일 것이다. 많은 양일까, 적은 양일까? 휘발

유 2리터를 연소시키는 데 그 정도의 이산화탄소가 배출된다고 생각하면 적은 양이라 할 것이다. 그리고 모든 독일인이 하루 평균 이산화탄소를 28킬로그램 생산하는 것과 비교해도 적은 양이다.

그러나 외콤 출판사는 비교적 적은 이 이산화탄소 배출량을 독자들을 위해 추가적으로 중립화시켰다. 인도 마하라슈트라의 풍력 시설에 돈을 보내 그곳에서 외콤 출판사의 책들을 생산할 때 방출된 것과 동일한 양의 이산화탄소를 감축하게끔 한 것이다.

다시 말해, 이 책은 탄소 제로 상태다. 그러나 그것만이 아니다. 이 책에 담긴 이산화탄소 이야기들은 지금까지 이산화탄소를 지루하고 위험한 화학 물질처럼 여겼던 사람들로 하여금 이산화탄소에 열광하게 할 것이다. 바라건대 독자들에게 이 책이 재미있고 신선한 책이 되었으면 좋겠다. 이산화탄소 없이는 존재하지 못했을 미네랄워터나 샴페인처럼 알싸한 느낌을 주는 책이기를!

엔스 죈트겐 & 아르민 렐러

우리는 서로 보완적인 다양한 측면에서 보이지 않는 물질 이산화탄
소에 다가가며 이 책을 시작한다. 1장을 여는 글은 프리모 레비의
저서 『주기율표』에서 발췌한 「탄소」다. 레비는 탄소 원자의 시간적,
공간적 여행을 따라간다. 한 가지 산물에서 다른 산물로 옮겨 가는
중간 단계에서 탄소 원자는 늘 이산화탄소의 형태를 취한다. 이산
화탄소가 두 산물, 두 가지 새로운 모험을 매개하는 것이다. 이탈리
아 화학자이자 작가인 프리모 레비의 글은 탄소 원자가 겪을 수 있
는 무수한 모험 중 한 가지만 소개하지만, 이 책의 다른 글에서 다
루게 될 많은 주제를 골고루 건드린다는 점이 흥미롭다.

이어 옌스 죈트겐이 사과에서 담배까지 이산화탄소와 관계있는
물건들을 소개한다. 이산화탄소를 흡수하는 물건, 방출하는 물건,
이산화탄소 없이는 존재하지 못했을 물건들이다. 이러한 모음은 이
산화탄소가 우리 일상과 얼마나 가까운지, 그 기능이 얼마나 다양
한지를 보여 준다.

요아힘 헤르만은 이산화탄소의 양적 접근을 시도한다. 호흡부터
신문 읽기까지 몇몇 예에서 우리가 매일 매일 배출하는 이산화탄소
의 양을 가늠해본다. 이것은 언뜻 단순한 계산 같지만, 사회적으로
굉장히 민감한 주제다. 기후와 관련해 가장 지대한 관심의 대상이

되는 것이 바로 이산화탄소 배출량이기 때문이다. 헤르만 역시 이산화탄소 배출량을 계산하는 여러 가지 방법을 소개하며 배출량 계산이 쉽지 않음을 보여 준다.

프랑크 그륀베르크는 이산화탄소에 다르게 접근한다. 그는 이산화탄소가 산업에서 얼마나 다양하게 쓰이는지를 보고한다. 이산화탄소는 미네랄워터의 첨가제로만 사용되는 것이 아니다. 이산화탄소는 세제, 냉매, 보존제 등에 다양하게 활용된다.

아르민 렐러의 핵심을 찌르는 글은 이산화탄소를 지질권과 생물권의 중개자로 묘사하면서 내용을 2장으로 잇는 다리가 되어 준다. 그는 이산화탄소의 자연적인 순환 과정에 필요한 시간과 오늘날 우리가 탄소 저장량을 사용하고 파괴하는 속도를 비교한다. 이 두 시간 사이의 모순이 바로 현시대를 이산화탄소 역사상 가장 위험한 시기로 만들었다.

2장은 '이산화탄소의 역사'에 할애된다. 이산화탄소의 역사는 흥미롭고 재미있을 뿐 아니라, 현재의 이산화탄소 문제가 가져올 파장을 가늠하게 해준다. 지난 역사가 잣대가 되어 주기 때문이다.

우선 하르트무트 자이프리트의 열정 넘치는 인터뷰는 지질 시대에 이산화탄소가 어떤 역할을 했는지를 들려준다. 지질학적 전개를 생명의 역사와 연결해, 심지어 이산화탄소가 진화를 조종했다고 이야기한다. 재치 있고 위트 넘치는 설명으로 이산화탄소의 역사를 개관하며 현재 우리가 어디쯤에 있는지를 알려 준다.

이어 롤프 페터 지페를레가 바통을 넘겨받아 이산화탄소의 역사가 수백 년 전부터 인간의 역사와 밀접하게 연결되어 왔음을 보여 준다. 자연적으로만 진행되었던 탄소 순환은 오늘날 다른 물질순환

(물, 질소, 인 등)과 마찬가지로 점점 더 인간의 영향을 받고 있다. 이런 영향이 어느 정도인가 하는 것은 인간이 에너지를 다루는 방식, 즉 전기를 만드는 다양한 방식에 좌우된다.

이어 옌스 쵠트겐은 이산화탄소가 인류의 삶 속에서 어떤 역사를 거쳐 왔는지 조명하며 자이프리트와 지페를레의 글을 보완한다. 인간 사회에서 이산화탄소의 모습은 어떻게 변천되어 왔을까? 이산화탄소는 눈에 보이지 않고 냄새도 거의 없는 기체라, 상상의 여지를 제공한다. 인간은 '무언가'가 있다는 것을 언제 어디에서 처음으로 느꼈을까? 그리고 이런 무언가에 어떻게 반응했을까? 보이지도 않고 냄새도 없지만, 영향력이 있는 것이 분명한 '무언가'를 언제 어떻게 '물질'로 객관화시키고 화학식으로 표시하기 시작했을까?

옌스 쵠트겐은 이산화탄소가 학문적으로 발견되기 오래 전부터 고대인들은 특정 동굴에 감각을 혼미케 하고 치명적으로 작용할 수도 있는 무언가가 있음을 알았다는 것을 보여 준다. 이런 무언가는 신이나 악령으로 해석되었다. 이것은 현대의 이산화탄소 이미지와 일맥상통한다. 이산화탄소는 오늘날에도 구체적인 물질로 여겨지기보다는 기후 파괴자라는 이름으로 초자연적이고 무시무시한 이미지를 지니기 때문이다.

이어 페트라 판제그라우가 옌스 쵠트겐의 글을 넘겨받아 최근 언론에 등장하는 이산화탄소의 모습을 그려 보인다. 언론은 기후변화 논의가 이루어지는 장으로, 이산화탄소의 최신 역사에 중심적인 역할을 한다. 판제그라우는 언론이 이산화탄소와 관련해서도 결코 사실에 부합하는 모든 것을 보고하지 않으며 '기사거리'가 될 만한 것만 보도한다는 점을 지적한다. 따라서 언론의 주된 관심사는 독자의 흥미를 끌어 해당 언론을 구매, 이용하게끔 하는 것이다. 분명한 것은 부정적인 이야기들이 긍정적인 이야기보다 더 흥미롭고, 단순하고 명백한 이야기가 복잡한 이야기보다 낫다. 잘 알려지지 않고 보이지 않는 이산화탄소야말로 기사화하고 으스스한 분위기를 조성하기에 적당한 물질일 것이다.

판제그라우의 글과 더불어 이 책은 현재의 기후변화 논쟁에 이른다. 이산화탄소가 지구에서 하는 역할은 온실가스에만 국한되지 않지만, 기후 논쟁으로 인해 세계인들은 이산화탄소의 다른 기능은 도외시하고 한쪽 면에만 두드러지게 관심을 갖는다. 3장의 글들은 '이산화탄소와 기후변화'라는 주제를 보완하고 확장한다. 3장에서는 기후변화 논의의 중요한 점을 골고루 담고자 했다.

우선적인 관심사는 기후변화가 정말 기정사실인가 하는 것이다. 기후변화에 대한 이야기는 학계로부터 흘러나왔으므로, 어떤 사람들은 정말로 기후가 변하고 있는 것인지, 아니면 기후학자들이 연구비를 따내고자 새로운 연구 주제를 부각시킨 것인지 의심한다. 그러나 기후변화는 사실이다. 측정할 수 있을 뿐 아니라, 눈으로 확인할 수도 있다. 빙하학자 하이디 에셔−페터는 이를 위해 우리를 산악 지대, 빙하 지역으로 안내한다.

예전에 엄청나게 크고 위협적이던 빙하들은 오늘날 많이 작아지고 위축되었다. 몇몇 빙하들은 거의 사라질 위기에 처해 있어 '붕대'를 감아 주어야 한다. 빙하를 보면서 우리는 기온 상승이 실제로 나타나며, 그것이 초래하는 결과가 엄청나다는 것을 알 수 있다. 빙하가 사라지는 것은 아름다운 경치가 사라진다는 것만을 뜻하는 게 아니다. 빙하는 물 순환에서 중요한 '밸브' 역할을 한다. 물이 필요한 여름에는 물을 선사하고, 겨울에는 물을 비축해두는데, 빙하가 줄어들면 이러한 기능도 약해진다.

이런 시각에 기초해 유쿤두스 야코바이트와 옌스 죈트겐은 현재의 기후 연구를 분석하고, 내일의 기후를 예측한다. 이들의 기고는 기후변화의 원인과 영향에 대한 중요한 질문에 답을 해준다. 폭풍이 더 잦아질까? 여름은 지금보다 더 덥고 비가 많이 올까? 기후 체계가 전반적으로 흔들릴까?

이런 예측이 있은 뒤, 다시금 논란이 분분한 주제로 3장을 마무리한다. 바로 이산화탄소를 분리, 저장하는 기술에 관한 것이다. 분리해서 저장하는 방법에서 이산화탄소가 기본적으로 다른 유해물질과는 다르다는 점이 드러난다. 이산화탄소는 연소의 부산물이 아니라, 주된 산물이다. 안정적이고 에너지가 없는 상태이므로, 이산화탄소의 분리 및 저장은 다른 부산물의 분리, 저장과는 기본적으로 다르게 진행되어야 한다. 페터 체를레는 이산화탄소 분리, 저장 기술이 어디까지 진전되었는지를 소개하고 평가한다.

마지막 4장은 실제 활동에 할애된다. 어떤 물질을 더 잘 알려면 그 대상을 능동적으로 다루어 봐야 할 것이다. 그래서 우리는 이산화탄소를 가지고 할 수 있는 실험들을 해봤다. 화학 실험이 아니라 집안에서 쉽게 할 수 있는 실험들이다. 우리가 알고자 하는 것은 화학 물질이 아니라 일상적인 물질이므로, 많은 가정에서 구비하고 있는 탄산수 제조기가 유용한 실험 도구가 되었다. 옌스 죈트겐이 소개하는 실험들은 대부분 아직 어디에서도 소개되지 않은 새로운 것이며, 간단하고 구체적이고 재미있다.

이산화탄소는 화학식으로 표기되기는 하지만, 인공적으로 만들어지는 화학 약품이 아니라, 자연이 생명을 유지하는 데 없어서는 안 될 물질이다. 프레온 가스나 DDT 같은 '유해물질'과는 도저히 비교할 수 없는 물질이다. 우리의 몸에 피가 필요하듯 이산화탄소는 자연에 핵심적인 역할을 한다. 공기 중의 이산화탄소 농도가 높아지는 것은 체내의 혈압이 높아져서 전체 시스템을 위협하는 것과 비교할 수 있다.

이 책의 마지막 글은 화성으로 떠나는 가상 여행기다. 화성의 대기 중 이산화탄소 농도는 90퍼센트가 넘는다. 지구에서는 이산화탄소가 생명 순환에 참여하지만, 화성에서는 작은 구름으로 변하거나 눈이 되어 붉은 흙 위에 내릴 가능성밖에 없다. 화성의 이산화탄소는 지구와 달리 생명을 생산하지 못하는, 죽은 물질인 것이다.

옌스 죈트겐

차례

1장

보이지 않는 물질
이산화탄소

이산화탄소는 눈에 보이지도 않고 냄새도 거의 나지 않지만 약간은 문제가 있는 기체다. 그래서 사람들은 이산화탄소라고 하면 뭔가 불쾌감을 느낀다. 이산화탄소는 언론 보도를 통해 우리와 가까워진 동시에 멀어졌다. 이산화탄소가 기후를 파괴하는 주범으로, 대기 속에서 좋지 않은 작용을 하고 있다고들 한다. 그러나 사실 이산화탄소는 우리의 삶과 뗄 수 없는 존재다. 우리가 있는 곳이면 어디서든지 함께 하는 물질이다. 1장의 다섯 기고는 서로 다른 시각에서 생각보다 가까이에 있는 이산화탄소에게 우리를 안내해준다.

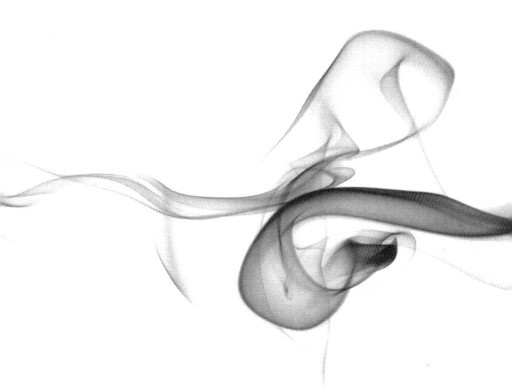

프리모 레비

탄소

이탈리아 화학자이자 작가인 프리모 레비(Primo Levi, 1919~1987)는 이 글에서 계속해서 새로운 형태로 나타나는 탄소 원자를 추적한다. 탄소 원자가 취하는 두 가지 안정적인 형태 사이에서 항상 움직이며 변하는 단계가 바로 이산화탄소(CO_2)다. 탄소 원자의 거의 무한한 변신 능력은 환상적인 이야기를 가능케 한다. 레비가 들려주는 탄소 원자의 모험적인 '전기'는 재미있고 기발하다.

독자들은 이 글이 화학 논문이 아니라는 걸 단박에 알아챘을 것이다. 나는 화학 논문을 쓸 만큼 주제넘지는 못하다. "나의 목소리는 약한데다 조금 세속적이기까지 하다(ma voix est faible, et même un peu profane)." 이 글은 자서전도 아니다. 물론 모든 글과 인간의 모든 작품이 부분적으로는 자서전이라 할 수 있겠지만 말이다. 이 글은 뭐랄까 역사다. 미시사, 혹은 최소한 하나의 직업과 그 직업의 실패와 승리와 곤궁의 역사다. 자신의 경력이 거의 마지막에 이르렀다고 여기거나 예술이 영원하지 않다고 느낄 때 모두가 이야기하고 싶어하는 역사다.

어느덧 인생의 이런 지점에 다다른 화학자는 주기율표와 바일슈타인이나 란돌트의 방대한 표에서 과거의 슬픈 추억이나 트로피를 떠올린다. 논문만 뒤적여도 기억이 몰려온다. 많은 화학자들의 운명은 브롬, 프로필렌, NCO 그룹, 글루타민산과 떼려야 뗄 수 없이 엮

여 있다. 모든 화학 전공 대학생은 화학 교과서를 보며 한 페이지, 몇 줄, 공식 하나, 단어 하나에 자신의 미래가 쓰여 있음을 의식해야 할 것이다. 해독 불가능한 문자, 그러나 나중에(성공, 실패, 작죄, 승리, 패배 후에) 확실하고 뚜렷하게 읽을 수 있을 문자로 말이다. 웬만큼 나이가 있는 화학자들은 똑같은 교과서의 '숙명적인' 페이지에서 사랑, 구역질, 기쁨, 절망이 스멀스멀 스며드는 것을 느낄 것이다.

각각의 원소는 젊은 시절 머물렀던 계곡과 해변이 그런 것처럼 각자에게 뭔가 다른 말을 한다. 예외는 탄소다. 탄소는 모두에게 모든 말을 한다. 아담이 특정한 조상이 아닌 것처럼 탄소는 특정한 원소가 아니다. 물론 오늘날 흑연이나 다이아몬드에 일생을 바친 화학자와 고행자가 있다면 모르겠지만. 하지만 나는 탄소에게 진 오랜 빚을 청산해야 한다. 중요했던 시간에 진 빚이다. 그도 그럴 것이 나의 첫 문학적 꿈은 생명의 구성 요소인 탄소에서 비롯되었다. 나는 오랫동안 내가 태어나지 않았던 시간과 장소를 꿈꾸었기에 탄소 원자의 이야기를 해보고 싶었다.

그러나 과연 '특정한' 탄소 원자에 대해 이야기할 수 있을까? 화학자는 여기서 의문을 가진다. 지금까지(이 글은 1970년에 쓰였다) 탄소 원자를 볼 수 있도록 하거나 최소한 분리할 수 있는 방법조차 알려지지 않았기 때문이다. 하지만 막 이야기를 시작하고자 하는 작가는 그런 의문을 갖지 않는다. 작가는 특정한 탄소 원자에 대해 이야기할 수 있다.

따라서 우리의 주인공인 특정한 탄소 원자는 수십 억 년 전부터 세 개의 산소 원자, 하나의 칼슘 원자와 결합해 있었다. 석회암 속에서 말이다. 우리의 주인공은 이미 장구한 우주의 역사를 거쳤는

데, 이에 대해서는 살펴보지 않겠다. 탄소 원자에게 시간은 존재하지 않는다. 아니 느린, 매일의, 혹은 계절의 기온 변화의 형태로만 존재한다. 글쓴이로서는 다행스러운 일로, 탄소 원자가 지표면 아래 너무 깊지 않은 곳에 있기 때문에 이런 시간이나마 느낄 수 있는 것이다. 정말 공포스러울 정도로 단조로운 탄소 원자의 실존은 따뜻함과 차가움의 가차 없는 교대, 즉 더 짧은 진동과 조금 더 긴 진동의 교대 가운데 존재한다. 잠재적으로 살아 있는 그에게는 그렇게 갇힌 상태가 정말로 가톨릭의 감옥에 갇힌 것에 버금갈 것이다. 탄소 원자에게는 이 순간까지 단지 현재만이 존재한다. 이야기의 시간인 과거가 아니라, 묘사의 시간인 현재만이 말이다. 탄소는 영원한 현재로 굳어진다.

나에게는 다행스럽게 (그렇지 않으면 이야기를 멈춰야 하니까) 탄소 원자가 있는 석회 벤치는 지표면에 있다. 인간과 곡괭이 또는 곡괭이와 비슷한 현대적 도구가 닿을 수 있는 곳이다. 곡괭이 같은 연장은 원소와 인간 사이의 수천 년간의 대화를 중개해왔다. 어느 순간, 내 마음대로 1840년이라고 해보자. 석회 벤치 속의 탄소 원자는 곡괭이에 의해 부서져, 석회 소성로로 옮겨졌고 데워져서 칼슘으로부터 분리되었다. 칼슘은 발을 땅에 딛고 칙칙한 운명을 향해 갔는데 여기서는 그에 대해 말하지 않으련다. 탄소 원자는 예전의 세 동반자 중 산소 원자 둘과 결합된 채 굴뚝으로 올라가 공중으로 날아갔다. 그때까지 탄소 원자는 돌 감옥에 갇혀 살았지만, 이제 자유의 몸이 되었다.

바람이 탄소 원자를 낚아채 바닥으로 내던졌다가 10킬로미터 공중으로 들어올렸다. 이어 매가 탄소 원자를 들이마시는 바람에 탄소 원자는 심호흡하는 매의 폐 속에 이르렀다. 그러나 매의 혈액 속으로는 침투하지 못하고 배출되었다. 세 번 바닷물에 용해되었고, 한 번은 노호하는 계곡의 급류에 용해되었으나 다시 배출되었다. 그렇게 탄소는 8년간 바람과 함께 여행을 했다. 한번은 깊은 곳, 한번은 높은 곳으로, 대양을 지나 구름 사이로, 숲을 넘어 광야를 지나 끝없는 빙판으로 여행을 했다. 그런 다음 탄소 원자는 사로잡혀 유기체적 모험으로 얽혀 들어갔다.

탄소는 정말로 특별한 원소다. 큰 에너지 소모 없이 기다랗고 안정된 사슬을 이룰 수 있는 유일한 원소다. 긴 탄소 사슬은, 지금까지 알려진 유일한 생명인 지구의 생명체를 이루는 구성 성분이다. 그러므로 탄소는 모든 생명의 핵심 요소라 할 수 있다. 한편 그가 생명 세계로 입장하는 것은 그리 쉽지 않아, 앞서 서술한 복잡한 길을 거쳐야 한다. 이 과정은 비로소 최근에야 규명되었고, 아직도 완전히 규명된 것은 아니다. 우리 주변에서 매일 같이 탄소가 유기체로 변하는 일(잎이 돋아나는 곳마다 일어나니 어마어마한 양이다)은 정말로 기적이라 부를 수 있을 것이다.

우리의 탄소는 1848년, 자신을 기체 상태로 붙잡아 놓는 두 위성(산소 원자)을 동반한 채 바람에 실려 포도가지로 갔다. 나뭇잎을 스치다가 나뭇잎으로 침투했고, 햇빛의 도움으로 그 안에 머무는 행운을 얻었다. 내가 여기서 부정확하게 비유적으로 표현하는 것은 나의 무지 탓만은 아니다. 이런 결정적인 사건, 즉 삼총사인 이산화탄소와 햇빛과 엽록소가 어우러져 벌이는 순식간의 작업은 지금까지 세부적으로 알려져 있지 않으며, 빠른 시일 내에 정확히 밝혀지지도 않을 것이기 때문이다.

이 작업은 인간이 만들어 낸 커다랗고 느리고 힘든 일반 '유기화학'과는 엄청나게 다르다. 20~30억 년 전 광합성이라 불리는 섬세하고, 민첩한 화학을 고안한 것은 우리의 말없는 친구들인 식물들이었다. 그들은 실험도 하지 않고 토론도 하지 않으며, 체온이 주변 세계와 정확히 일치하는 친구들이다. 이해하는 것이 곧 상상할 수 있는 것이라면, 100만 분의 1밀리미터의 영역에서 100만 분의 1초 사이에 일어나며, 주인공들은 전혀 보이지 않는 이런 사건을 우리는 절대로 상상하지 못할 것이다. 이 사건에 대한 언어적 묘사는 모두가 불완전할 수밖에 없으며, 어느 것도 특출하지 않을 것이다. 그러니 마음을 비우고 그냥 묘사해보자.

탄소 원자는 나뭇잎으로 침투해 그곳에서 다른 무수한 질소, 산소 분자와 만난다. 탄소 원자는 커다랗고 복합적인 분자와 연결되어 그 분자에 의해 활성화되며, 동시에 순식간에 하늘에서 내려오는 태양빛 다발이 전하는 중요한 메시지를 수신한다. 그 메시지는 바로 지금 산소와 결별하고 가정하건대 수소와 인과 결합해 사슬 형태를 만들라는 것이다. 사슬의 길이는 그다지 중요하지 않다. 그것은 어쨌든 생명의 고리다. 이 모든 일은 대기 속에서 전혀 비용을 들이지 않고 고요히 순식간에 이루어진다. 친애하는 동료들이여, 우리가 탄소 원자의 흉내를 낼 수 있다면 하느님처럼 세계의 기아를 단번에 해결할 수 있을 텐데 말이다.

이산화탄소는 지금까지 이야기했던 탄소의 기체 형태다. 이산화탄소는 생명의 기본 성분이자 생명의 영원한 동반자다. 모든 것이 이산화탄소로부터 나오고, 이산화탄소로부터 성장한다. 또한 모든 육체는 마지막에 이산화탄소가 된다. 동물과 식물은 물론이고, 40

억 개의 서로 다른 의견과 수천 년의 역사와 전쟁과 치욕과 아량과 자랑을 지닌 인간 모두가 끊임없이 새로 생겨나는 이산화탄소로 만들어졌다. 기하학적으로 볼 때 지구에서 인간의 존재는 하찮다. 전 인류를 합치면 약 2억 5,000만 톤, 이것을 딱딱한 지표면 전체에 동일한 두께로 분배하면, 인간의 형상은 맨눈으로는 도저히 분별이 안 될 정도로 작다. 두께가 1,000분의 16밀리미터밖에 안 될 것이기 때문이다. 이런 이산화탄소는 대기의 주된 성분이 아니라, 대기의 아주 미미한 부분을 이룬다. 아무에게도 지각되지 않는 아르곤보다도 30배는 적어 대기의 0.03퍼센트를 이룬다. 이탈리아 국민 전체가 공기라면 생명을 구성할 능력이 있는 이탈리아 사람들은 메시나 지방 밀라초에 거주하는 약 1만 5,000명의 주민이라는 것이다.

탄소 원자는 건축적으로 말하자면 구조의 일부가 되어 생명 속으로 들어왔다. 자신과 아주 비슷한 다섯 반려자와 결합해 아름다운 고리 형태를 이룬 것이다. 거의 정육각형 형태의 고리로, 물속, 즉 생명의 림프액에 용해되어 용해된 물과 함께 다양한 교환 및 균형 과정을 수행한다. 용해된 상태는 변화를 앞둔 모든 물질의 의무이자 특권이다. 왜 하필이면 고리 형태를 이루는지, 왜 정육각형인지, 왜 물에 용해되는지를 알고자 한다면, 안심해도 좋다. 여기서는 답변하지 않겠지만, 그 질문은 과학이 확실하고 명확하게 대답할 수 있는 많지 않은 질문 중 하나에 속하니까 말이다. 다시 말해, 우리의 탄소 원자는 글루코스 분자의 구성 물질이 되었다. 동물계와 첫 만남을 준비하고 있긴 하지만, 물고기도 육지 동물도 아닌 운명이어서 아직 이렇다 할 책임 능력은 없는 과도기 상태다.

이제 탄소 원자는 여유롭게 나뭇잎의 수액을 타고 잎에서부터 작은 가지와 덩굴을 지나 줄기로 간다. 그리고 그곳에서 익어가는 포도송이로 간다. 그 다음에 일어나는 일은 포도 상인의 관할이다. 쉽게 말하면 우리는 단지 본질적인 변화 없이 포도가 되는 것을 확인할 뿐이다. 포도의 운명은 포도주가 되어 마셔지는 것이며 글루코스의 운명은 태워지는 것이다. 그러나 글루코스는 곧장 연소되지는 않는다. 포도주를 마신 사람은 예기치 않게 힘을 써야 할 때를 대비해 비축 식량으로 글루코스를 간직한다. 예를 들어 그 다음 일요일 도망가는 말을 잡으려고 마구 달려갈 때 이 비축 식량을 사용하는 것이다. 육각형 구조여, 안녕. 꽁꽁 뭉쳐 있던 에너지는 순식간에 풀어져 다시금 글루코스가 되고, 혈액을 타고 관절의 근육 섬유로 간다. 그리고는 이곳에서 신체가 활동할 때 으레 그렇듯이 젖산 분자 2개로 갈라진다. 몇 분쯤 지나 헉헉대는 폐를 통해 젖산을 여유 있게 연소할 만큼의 산소가 조달되면, 우리의 탄소는 새로운 이산화탄소 분자가 되어 대기 중으로 되돌아간다.

태양이 포도 덩굴에 선사했던 에너지 입자는 화학에너지에서 역학에너지로 전이되었으며, 달릴 때 가르는 공기와 달리는 자의 혈액을 눈에 띄지 않게 데우는 미지근한 열에너지로 치환되었다. 묘사되는 일은 드물지만 '생명은 그런 것'이다. 하나는 다른 하나와 결합하고, 하나는 다른 하나에서 나오며, 에너지에 편승해 고상한 태양에너지에서부터 낮은 온도의 열로 변한다. 균형을 이루고 죽음으로 이어지는 이런 내리막길에서 생명은 원호를 그리며 그 안에 깃든다.

미안하다. 탄소는 다시 이렇게 이산화탄소가 되었다. 역시 이미 기술한 과정이다. 다른 것을 상상할 수 있고, 고안할 수 있을 테지만, 지구에서는 그냥 그렇다. 다시금 바람이 탄소 원자를 더 멀리 실어간다. 알프스와 아드리아 해를 거쳐 그리스, 에게 해, 사이프러스까지. 그리고 우리는 레바논에 있다. 춤은 처음부터 다시 시작된다. 우리의 탄소 원자는 이번에는 오래 가는 구조 속에 포착되어 히말라야 삼나무의 신성한 줄기가 되었다. 히말라야 삼나무는 그나마 몇 그루 남지 않았다.

원자는 앞서 언급한 단계를 새로이 거치고는 묵주 알처럼, 기다란 셀룰로오스 사슬로 이루어진 포도당에 속해 있다. 암석 속에 고정된 것은 아니므로 몇 백만 년까지는 아니지만, 몇 백 년은 너끈히 거기에 있을 수 있다. 삼나무는 오래 사는 나무이기 때문이다. 그곳에 탄소 원자를 1년만 머물게 할지, 500년 머물게 할지는 우리 손에 달려 있다. 20년 후에(지금은 1868년이다) 삼나무에 나무 벌레가 등장한다고 해보자. 나무 벌레는 특유의 맹렬한 식욕으로 줄기와 껍질 사이에 복도를 판다. 벌레는 나무를 뚫고 들어가면서 성장하고, 그가 가는 길은 확장된다. 그 와중에 벌레는 탄소 원자를 꿀꺽 집어삼킨다. 그리고는 번데기가 되었다가, 봄에 못생긴 회색 나방으로 깨어나 화창한 봄의 아름다움에 홀리고 눈부셔 하며 태양에 몸을 말린다.

탄소 원자는 나무 벌레의 수천 개 눈 중 하나에 있어, 대략적인 방식으로 이 곤충이 보고, 공간에서 방향을 잡는 데 기여한다. 곤충은 짝짓기를 하고, 알을 낳고 죽는다. 그리고 이제 그 시체는 덤불 속에 놓인다. 수분은 날아가지만, 키틴질의 갑옷은 오랫동안 파괴되지 않는다. 눈과 태양이 그를 어떻게 하지 못하고 그 위를 지나간다. 그는 나뭇잎과 땅 아래 묻혀 단순한 껍질, 즉 '사물'이 된다. 하지만 우리의 죽음과는 대조적으로 원자들의 죽음은 되돌릴 수 있다. 이제 모든 곳에 편재한, 눈에 보이지 않는 관목의 무덤들, 부식토의 미생물들이 작용하기 시작한다. 더는 보이지 않는 곤충 눈과 더불어 키틴질 갑옷은 서서히 분해된다. 예전에 포도주를 마시는 사람, 삼나무, 나무 벌레였던 탄소 원자는 거기서부터 다시 비상한다.

탄소 원자는 1960년까지 지구를 세 바퀴나 돈 거리만큼 움직였다. 나는 사람의 기준으로는 상당히 긴 이런 시간적 거리를 정당화하고자, 탄소 원자의 평균과 비교하면 상당히 짧다는 점을 언급하고 싶다. 평균은 200년에 달한다고 확신한다. 안정된 물질(석회암, 석탄, 다이아몬드, 또는 특정한 조각품 같은)에 갇혀 있지 않은 모든 탄소 원자는 200년마다 광합성의 좁은 문을 통과해 다시금 생명의 순환 속으로 들어간다.

다른 문들도 있을까? 사람에 의해 만들어지는 몇몇 합성이 있다. 그런 것들은 호모 파베르의 자랑거리지만, 양적으로는 아직 미미하다. 식물로 들어가는 문보다 훨씬 더 좁다. 인간은 의식적으로든 무의식적으로든 지금까지는 이런 부분에는 자연과 경쟁하려 들지 않았다. 즉 대기 중의 이산화탄소로부터 탄소를 추출해 먹고 입고 난방을 하는 등, 정교한 현대적 삶의 필요를 만족시키는 데 사용하고자 노력하지 않았다. 그럴 필요가 없었다. 인간은 지금까지 탄소가 비축된 거대한 화석 연료를 찾아내어 이용했고, 여전히 그렇게 하고 있다. (그러나 앞으로 몇 십 년이나 더 그렇게 할 수 있을까?) 식물과 동물을 제외하면 탄소의 비축물은 석탄이나 석유로 존재한다. 이들 또한 먼 옛날의 광합성 과정에서 생겨난 것이다. 광합성은 탄소에 생명을 부여하는 유일한 길일 뿐 아니라, 태양에너지를 화학적으로 활용하는 유일한 길이기도 하다.

나는 지금까지 지어낸 이야기가 사실임을 증명할 수 있다. 변신하는 자연, 변신의 순서, 시간에 관한 한 마디 한 마디가 모두 사실이다. 게다가 새로운 이야기도 무궁무진하게 지어낼 수 있다. 꽃의 색깔이나 향기로 변신하는 탄소 원자, 미세한 말에서 작은 가재로 들어갔다가, 점점 더 커다란 물고기로 옮겨 가고 거기서 다시 대양의 이산화탄소로 변신하는 원자를 이야기할 수 있다. 영원히 먹고 먹히는 끔찍한 생사의 순환을 따르는 이야기를 말이다. 또는 박물관 보관 문서의 누렇게 변한 페이지나 유명한 화가의 아마포에서 품위 있고 반영구적인 상태에 도달한 탄소 원자에 대해서도 이야기할 수 있다. 화분 속 알갱이가 되어, 바위에 호기심을 불러일으키는 화석 자국을 남긴 탄소에 대해서도 이야기할 수 있으며, 사람의 정자 일부가 되어 사람을 배출하는 분열과 증식과 융합의 미묘한 과정에 참여하는 탄소 이야기도 할 수 있다. 탄소는 셀 수 없이 많아서 아무렇게나 꾸며낸 이야기에도 일치하는 원자를 언제든 발견할 수 있을 것이기 때문이다.

그러나 나는 처음부터 이러한 시도가 부질없으며, 수단이 궁색해 행위에 말의 옷을 입히려는 시도가 본질적으로 실패할 수밖에 없는 일이라는 것을 아는 글쓴이의 겸손함과 소심함으로 아주 비밀스런 이야기만 하나 더하련다.

탄소 원자는 다시 우리 가까이에 있는 우유 한 잔에 담겨 있다. 길고, 복잡한 사슬 안에 포함되어 있다. 그 사슬은 인체에 받아들여지고 삼켜진다. 모든 살아 있는 구조는 또 다른 살아 있는 물질이 들어오는 것에 강하게 반항하므로, 이 사슬은 아주 잘게 부서져 차례로 흡수되거나 배설된다. 이어 탄소 원자는 우리의 심장까지 와서 장의 문턱을 넘고 혈액의 흐름 속으로 스며든다. 그렇게 방랑하다 신경세포의 문을 두드리고 그 안으로 들어가 다른 탄소 원자를 대치한다. 이 세포는 여기에 앉아 글을 쓰고 있는 나의 두뇌 속에 있다. 문제의 세포와 그 안에 들어 있는 탄소 원자는 나의 글쓰기를 담당한다. 아직 아무도 서술하지 않았던, 어마어마한 동시에 아주 미시적인 게임이다. 그 세포는 이 순간에 나의 손으로 하여금 종이 위를 나아가게 하고, 기호들을 그리도록 한다. 위로 아래로, 두 박자로 나의 손을 인도한다. 그리고 나의 손은 종이 위에 이런 점을 찍는다. 바로 이 마침표 말이다.

이 글은 칼 한저(Carl Hanser) 출판사의 허락을 얻어 프리모 레비의 책 『주기율표(Il sistema periodico)』에서 발췌한 글임을 밝혀 둔다.

엔스 죈트겐

일상 속의 이산화탄소

이산화탄소는 유해물질, 혹은 기후를 파괴하는 물질로 '나쁜 것'으로 취급된다. 눈에 보이지 않고 냄새가 없다는 것이 모호한 두려움에 추가적으로 불을 지핀다. 그러나 사실 이산화탄소는 낯선 화학 물질이 아니라, 어디에나 편재하는 물질이다. 우리의 일상에도 말이다. 자연의 살림살이에서 이산화탄소는 많은 기능을 한다. 그렇기에 고도 산업사회에 이산화탄소를 과잉 배출하는 것이 또한 문제가 되는 것이다. 이산화탄소가 일상에서 얼마나 여러 가지 모습으로 우리와 함께 하고 있는지를 알아보고자 철학자이자 화학자인 옌스 죈트겐이 이산화탄소와 관계있는 대상들을 모아 보았다.

예술가 다니엘 스페리는 1979년 쾰른 시를 위해 쾰른과 관계있는 물건들을 수집해 〈쾰른 감상 박물관(musée sentimental de Cologne)〉이라는 전시를 열었다. 〈이산화탄소 감상 박물관(musée sentimental de CO_2)〉, 즉 이산화탄소와 관계있는 물건들을 모아 놓는 것도 그에 못지않게 흥미로울 것이다. 우리 주변의 거의 모든 물건이, 보이지 않고 들리지 않게 존재하는 엄청난 이산화탄소 물결의 일부이기 때문이다.

곡물 알갱이

곡물 알갱이는 씨앗으로, 작은 생물체다. 이것이 무생물이 아니라

는 건 곡물 알갱이를 며칠 간 젖은 상태로 놓아두면
알 수 있다. 그러면 거기서 싹이 난다. 뿌리를 내고
얼마 있으면 잎도 생긴다. 이 모든 것은 자력으로 이루어진다. 잎이
없기에 아직은 광합성을 하지 않지만, 곡물 알갱이에는 탄수화물,
지방과 같은 영양소가 가득하다. 그래서 곡물 알갱이 자체가 주로
영양소로 쓰인다. 싹을 틔울 때 이런 영양소를 소비하며, 그 과정에
서 산소를 들이마시고 이산화탄소를 내뿜는다. 모순적인 과정이다.
식물은 보통 반대로 하기 때문이다. 식물은 이산화탄소를 들이마시
고 산소를 내뿜는다. 그러나 싹을 틔울 때는 아직 잎이 없으므로,
태양에너지 대신 저장된 양분에서 에너지를 얻는다.

　곡물 알갱이들이 이산화탄소를 뿜어낸다는 사실은 그다지 알려져
있지 않지만, 이는 꽤나 위험한 결과를 초래할 수 있다. 가령 곡물
저장고에 젖은 곡물이 있으면, 이 곡물은 발아하려고 아주 활발하
게 호흡할 것이다. 따뜻할수록 호흡은 더 활발해진다. 곡물 저장고
는 빠르게 이산화탄소로 가득 찰 것이다. 이산화탄소는 눈에 보이
지 않고 냄새도 나지 않는 데다가, 사람들은 대부분 곡물이 인간에
게 위험한 기체를 만들어 낸다는 것을 알지 못하기에 간혹 치명적
인 사고가 일어난다. 이산화탄소 농도가 7퍼센트에 이르는 공간에
서는 호흡을 몇 번 하는 것으로도 의식을 잃을 수 있다. 바닥에 쓰
러지면, 바닥의 이산화탄소 농도가 훨씬 더 높기에 구조가 늦어지
는 경우가 많으며, 구조를 위해 달려온 사람마저 기체의 희생자가
되는 일이 잦다.

나무

태양이 빛나는 낮 동안에 나무는 호흡을 한다. 즉 이산화
탄소를 들이마신다. 물과 햇빛, 약간의 양분이 있으면 나
무는 이산화탄소로부터 잎과 나무, 나뭇진과 꽃과 열매 등,
나무를 나무로 만드는 모든 것을 만든다. 숲이 자라는 동안 나무는
이산화탄소를 잡는다. 이산화탄소를 얼마나 붙잡는가는 나무의 종
류, 나무가 있는 장소, 계절에 따라 다르다. 작은 나무는 기껏해야
몇 그램만 저장할 것이고, 다 자란 너도밤나무는 하루에 몇 백 그램
을 지속적으로 저장할 수 있다. 나무 한 그루가 하루에 얼마나 많은
이산화탄소를 흡수하는지는 대략적으로만 계산이 가능하다.

　나무는 이산화탄소를 흡수하기만 하는 것이 아니다. 밤에는 배출
도 한다. 나무는 밤에 생존에 필요한 것(가령 다양한 당 분자)을 스스
로 생산할 수 없어서 비축물을 이용한다. 우리가 밤에 배가 고프면
냉장고로 가는 것처럼 말이다. 비축물을 소비하는 밤 동안 모든 나
무는 이산화탄소를 내뿜는다. 물론 인간보다 훨씬 적은 양이긴 하
지만.

나와 너

생후 첫 울음 소리를 낼 때부터 인간은
탄소 순환 과정에 개입한다. 호흡할 때마
다, 소리를 한번 지를 때마다 공기 중으로 이산화탄소를 내뿜는다.
인간의 날숨에는 이산화탄소 4퍼센트가 함유되어 있다. 함유량 자

체는 많지 않다. 우리는 12시간 동안 총 350그램의 이산화탄소를 내뿜는다. 몸을 힘들게 움직이는 경우에는 이산화탄소를 더 많이 배출한다.

우리가 A라는 지점에서 B라는 지점까지 더 빨리 가려고 말을 이용하면 배출되는 이산화탄소는 더 많아진다. 말의 폐는 더 크기 때문이다. 10시간 말을 탄다면 말이 배출하는 이산화탄소는 3킬로그램에 이른다.

말 대신 자동차를 타면 이산화탄소 배출량은 더욱 많아진다. 자동차는 금속으로 만들어진 거대한 말이라 할 수 있고, 그만큼 더 많은 이산화탄소를 뿜어낸다. 자동차로 1시간만 달려도 이산화탄소가 15킬로그램 배출된다. 10시간 달리면 150킬로그램이 생긴다. 10시간에 이산화탄소를 300킬로그램 뿜어내는 자동차들도 많다. 이는 말이 호흡하면서 내뿜는 것의 100배에 이르는 수치다. 이런 자동차들의 힘은 100마력이다.

달팽이집

정원이나 숲에 가면 달팽이집이 종종 눈에 띈다. 살아 있는 달팽이가 들어 있는 경우도 있다. 중부 유럽에서 가장 큰 집을 짓는 달팽이는 식용달팽이(*Helix Pomatia*)로, 이 지역에서 제일 큰 달팽이기도 하다. 그런데 달팽이와 달팽이집이 이산화탄소와 무슨 관계가 있을까?

달팽이는 동물이라서 다른 동물처럼 호흡할 때 이산화탄소를 내뿜는다. 사육 상자에서 달팽이를 키우는 사람들은(전문적으로 달팽이를 사육하는 사람들이 있다) 계속해서 상자를 환기시켜 주어야 한다. 달팽이가 호흡하면서 내뿜은 이산화탄소가 사육 상자 아래에 모이면 달팽이에게 졸음이 몰려오기 때문이다. 달팽이집 역시 이산화탄소와 연관이 깊다. 달팽이집은 석회질로 이루어지고, 석회질은 탄산칼슘($CaCO_3$)이다. 탄산칼슘의 절반은 이산화탄소로 이루어져 강하게 가열하면 이산화탄소가 빠져나가고, 불탄 석회만 남아 만지면 부스러진다. 물과 만나면 모르타르가 된다.

달팽이는 껍질의 석회질을 주변에서 구하므로, 석회가 있는 곳에서만 서식한다. 석회질이 풍부한 장소를 발견하면 그곳에 머물면서 석회질을 분리한다. 점액에서 산(酸)을 만들어 석회질을 녹여내는 것이다. 식용달팽이의 집은 거의 언제나 오른쪽, 시계 방향으로 돌고 몇 천 개 중 하나 꼴로 왼쪽으로 돈다. 왼쪽으로 도는 달팽이집을 가진 달팽이를 '달팽이의 왕'이라고 부르기도 한다.

담배

담배 연기는 공기를 오염시킨다. 그러나 이것이 기온 상승에도 영향을 미칠까? 그걸 알려면 담배 연기의 성분을 살펴봐야 한다. 담배 연기는 연구가 충실히 이루어진 성분 중의 하나다. 성분을 연구하고자 연구비가 그렇게 많이 지출된 물질도 아마 없을 것이다. 담배 연기에는 화학 물질이 4,000종이나 함유되어 있다. 아주 미량이지만 미세먼지도 들어 있다. 적절한 도구를 활용하면 그보다 훨씬 더 많은 물질을 분류할 수도 있다. 담배 연기 속에 주로 들어 있는 것은 이산화탄소다. 따라서 흡연가는 공기를 오염시킬 뿐 아니라, 기후에도 죄를 짓는 것인가? 담배는 이산화탄소를 배출하는 주범인가? 그렇지 않다. 담배는 주로 마른 나뭇잎으로 이루어지기 때문이다. 담배를 피울 때 배출되는 이산화탄소는 담배의 원료가 되는 나뭇잎들이 자랄 때 공기 중으로부터 흡수한 이산화탄소와 맞먹는다. 따라서 흡연은 탄소 중립적이라 볼 수 있다.

맥주

맥주는 식물성 식품이다. 대부분은 보리로, 간혹은 밀로도 만든다. 곡물이 맥아로 변하면 분쇄해서 물속에 담가 부풀린다. 이어서 양조할 차례에 효모를 첨가한다. 효모가 곡물 알갱이의 당분을 먹는 과정에서 알코올이 생겨나고, 이때 상당량의 이산화탄소가 만들어진다.

　이산화탄소는 맥주의 맛을 돋우지만, 양조업자에게는 자칫 위험할 수 있다. 맥주나 포도주를 저장하는 지하실 곳곳에는 이산화탄소 경고 표지가 걸려 있다. 그럼에도 심심치 않게 사고가 나고, 때로는 사망 사고도 일어난다. 플리니우스의 『박물지』를 보면 이런 사고는 고대에도 발생했는데, 당시 사람들은 이를 기체 때문이 아니라 효모의 힘 때문으로 여겼다.

모기

우리는 밤에도 이산화탄소에 둘러싸인다. 물론 이산화탄소는 냄새가 나지 않기 때문에 그다지 불편하지 않다.

그러나 모기는 이산화탄소의 냄새를 맡을 수 있다. 우리가 장미향을 좋아하듯 모기는 날숨 속의 이산화탄소를 상당히 좋은 냄새로 여기는 것이 틀림없다. 이산화탄소 농도가 높은 것을 좋아하는 모기는 이산화탄소 농도로 먹잇감을 분간한다. 벽에 앉아 있는 모기에게 훅하고 입김을 불면, 뒷다리를 이리 저리 공중으로 휘젓는 것으로 보아 모기는 뒷다리로 이산화탄소를 감지하는 듯하다.

브레첼

브레첼 반죽에는 작은 기포가 많은데, 이 또한 이산화탄소다. 브레첼 반죽이 발효하는 동안 이산화탄소가 만들어진다. 브레첼 반죽에는 밀가루, 물, 약간의 소금과 효모(이스트)가 들어간다. 효모는 원래 곰팡이로, 생물체다. 효모가 열심히 밀 속에서 영양을 섭취하는 과정에서 이산화탄소가 발생한다. 이산화탄소는 밀가루 반죽을 부풀어 오르게 해 맛을 더 좋게 한다.

사과

사과는 물과 햇빛과 이산화탄소의 결합으로 탄생한다. 사과나무는 할 수 있지만, 인간은 아무리 노력해도 할 수 없는 생산 방법으로 말이다. 나무에서 자라는 동안 사과는 이산화탄소와 결합한다. 즉 사과에 이산화탄소가 달라붙는다. 그러나 사과를 수확하면 사정은 변한다. 부분적으로는 초록색을 띨지라도 사과는 더 이상 광합성을 하지 못한다. 사과는 오히려 산소를 흡수하고 이산화탄소를 내뿜는다. 그러면서 비축한 영양분인 당분을 차츰 차츰 소비하는데, 그 과정을 통해 점점 쪼그라든다. 수확한 사과는 시간이 가면서 점점 쭈글쭈글해지고, 몇 달이 지나면 더 이상 수확할 때처럼 맛있지도, 신선하지도 않다. 과일을 차게 보관하면 과일이 깊은 잠에 빠지므로 이런 호흡을 최소화할 수 있다. 단, 최소한의 호흡으로도 이산화탄소는 발생하므로 보관 공간으로부터 계속해서 빼주어야 한다. 공기에 이산화탄소가 너무 많으면 과일도 질식할 수 있기 때문이다. 그렇게 되면 과일의 조직은 완전히 갈변하며 죽고 더는 맛이 없어진다.

수돗물

물을 주전자에 넣어 가열하면 끓기 한참 전에 작은 기포가 생긴다. 기포의 정체는 공기이자 이산화탄소다. 수돗물에는 언제나 약간의 이산화탄소가 함유되어 있다. 물을 끓여서 식히면 물맛은 신선하지 않다. 이산화탄소와 더불어 약간 시큼한 맛도 사라지기 때문이다. 주전자를 들여다보면, 물속에 하얀 입자들이 떠다니는 것을 확인할 수 있다. 석회질이다. 가열되지는 않지만 물이 증발되면서, 이산화탄소가 대기로 빠져나가 석회가 남는 것이다. 주전자 속의 석회는 그리 주목할 만한 양은 아니지만, 원리는 동굴 속의 멋진 종유석이 형성되는 것과 동일하다.

장미

장미는 가정집 정원에서도 많이 볼 수 있다. 정원의 다른
식물과 마찬가지로 장미도 물, 토양이 주는 영양소, 주로
대기 속의 0.038퍼센트 이산화탄소에 의지해 살아간다.
그러나 독일의 경우, 여름에 꽃집에서 구입하는 장미는 대부분 기
업에서 생산한 것들이다. 라틴아메리카나 아프리카에서 비행기로
실어온 것이 아닌 이상 거의가 네덜란드에서 재배된 것이다. 네덜
란드에서는 온실에서 장미를 키우는데, 장미가 잘 자라도록 이산화
탄소를 거름으로 준다. 장미는 해가 뜨자마자 광합성을 시작하면서
부터 온실 안의 이산화탄소를 소비하므로, 이산화탄소를 지속적으
로 빨리 빨리 공급해주어야 한다. 그래서 장미를 재배하는 사람들
은 가스난로를 활용한다. 빠르게 가스를 연소시켜 이산화탄소 함량
이 많은 연기를 온실에 유입하는 것이다. 다른 곳에서는 이산화탄
소 배출을 줄이려고 애쓰는데, 네덜란드 정원업자들은 이산화탄소
를 구하고자 애쓰다니 모순이 아닐 수 없다.

　네덜란드 엔지니어 두 사람은 이에 착안해 이산화탄소 생산자와
원예업자를 묶어 주자는 아이디어를 냈다. 사용이 중단된 석유 파
이프라인을 이용해 정유 시설에서 만들어진 쓸데없는 이산화탄소
를 온실에 직통으로 유입시키는 것이다. 즉 우리가 꽃집에서 사는
장미는 대부분 이산화탄소로 샤워한 것들이다. 장미는 정말로 이산
화탄소 농도가 높은 걸 좋아하기 때문이다. 이산화탄소 덕에 장미
수확량은 40퍼센트까지 늘어났다.

전화

전화가 이산화탄소를 배출한다고? 전화기에서 직접
이산화탄소가 나오는 것은 아니고, 우리가 통화하는
과정에서 이산화탄소가 배출된다. 통화를 하려면 전기가 필요하고,
전기를 얻으려면 석탄, 천연가스, 석유 등을 연소시켜야 한다. 전기
없이는 아무 것도 되지 않는다. 기술이 고도로 발달한 현대 사회에
서는, 보이지 않지만 어디선가 끊임없이 불꽃이 타오르고 있다. 모
터나 발전소 안에서 캡슐에 싸여 일어나기에 우리 눈에 띄지 않을
뿐이다. 대기 중 이산화탄소 함량이 증가하는 것만이 그것을 증명
해준다. 가전제품을 사용할 때면 언제나 이산화탄소가 만들어진다
고 보면 된다. 친환경 전기를 쓰지 않는 이상 그렇다. 친환경 전기
는 석탄을 연소하지 않고 주로 태양에너지와 수력발전에서 얻는 전
기다.

탁한 공기

오랫동안 환기시키지 않은 방이나 많은 사람이 모
인 교실 같은 공간에서는 탁한 공기, 더 정확히
는 소비된 공기가 생겨난다. 탁한 공기는 사람을
피곤하게 만든다. 공기 중에 산소가 부족해서도 아니고, 공기가 나
빠서도, 땀 냄새 때문도 아니다. 우리를 피곤하게 만드는 원인은 이
산화탄소다. 보통 공기 중의 이산화탄소 농도는 0.038퍼센트며, 산

소 함량은 21퍼센트에 달한다. 반면 날숨에는 산소가 15퍼센트, 이산화탄소가 약 4퍼센트다. 다시 말해 산소 비율은 약 3분의 1 줄어든 반면, 이산화탄소의 함량은 100배로 증가한다는 소리다. 그래서 사람이 많은 공간에는 산소가 줄어드는 것보다 이산화탄소가 증가하는 속도가 훨씬 더 빠르다.

길이 5미터, 폭 4미터, 높이 3미터의 방을 생각해보자. 보통의 거실 크기다. 그곳에는 약 60세제곱미터의 공기가 있다. 이런 방에 열 사람이 모여 1시간 동안 수다(수다는 음으로 된 날숨이다)를 떤다면, 산소 함량은 21퍼센트에서 약 20.6퍼센트로 줄어들지만, 이산화탄소 함량은 0.038퍼센트에서 0.4퍼센트로 10배 증가한다. 바로 이것이 우리를 피곤하게 만든다.

비행기를 탔을 때 꾸벅 꾸벅 졸게 되는 것도 이 때문이다. 이럴 때 객실 내에 산소를 공급하는 것만으로는 충분하지 않다. 승객들이 내쉬는 이산화탄소도 제거해야 한다. 그러나 이러한 작업은 상당히 불완전하게 이루어지므로, 비행기 객실의 이산화탄소 함량이 꽤 높은 것이다.

탄산수

탄산을 함유한 샘물은 특별하다. 물맛이 매우 좋을 뿐 아니라, 다른 물에 비해 미네랄과 미량 원소 함유율이 높다. 물속에 녹아 있는 이산화탄소는 시큼한 맛을 낼 뿐 아니라 산(酸)으로도 작용해 암석, 특히 석회암에 구멍도 낸다. 거의 모든 석회동굴이 이산화탄소 덕분에 생성되었다. 이산화탄소를 통해 공격성을 얻은 빗방울이 석회를 녹여 다른 곳으로 떨어뜨린 것이다. 따라서 남부 독일에 있는 것이건 멕시코에 있는 것이건 모든 동굴은 이산화탄소 덕에 생겨났다!

탄산수를 한 잔 마셔 보자. 탄산수에는 지하에서 데려온 석회와 기타 미네랄이 함유되어 있어 건강에 좋다고 한다. 또한 탄산이 많이 든 물은 미생물에 잘 오염되지 않는다. 이산화탄소가 배아의 성장을 저지하기 때문이다.

그러나 아쉽게도 우리가 먹는 탄산수는 천연 탄산수가 아니고, 탄산 성분이 추가된 물인 경우가 많다. 음료 병에 탄산 첨가라고 써 있다면, 물에 인공적으로 탄산을 첨가했다는 뜻이다. 이런 물에는 석유 정유 공장에서 나온 이산화탄소가 첨가되어 있다.

탄산수 제조기

집에서 탄산수를 만들어 먹는 사람들은 탄산수 제조기를 사용한다. 탄산수 제조기에는 이산화탄소 카트리지가 들어 있어, 단추를 누르면 물에 이산화탄소가 유입된다. 그렇다면 이런 카트리지의 이산화탄소는 어디에  서 오는 것일까? 아주 드문 경우, 자연에서 나오는 것일 수도 있다. Wassermaxx라는 회사는 토이토부르거 숲의 샘에서 나오는 천연 이산화탄소를 사용하지만, 그 양은 많지 않다. 탄산수 제조기에 들어 있는 이산화탄소는 대부분의 탄산음료처럼 공장에서 부산물로 생산된 것이다. 암모니아 합성 과정에서도 이산화탄소가 생성된다.

아르민 렐러

지질권과 생물권의 중개자

이산화탄소의 '본질'을 규정할 수 있을까? 쉽지 않은 질문이지만, 이산화탄소
가 생물권에서 특유의 기능을 하는 것은 사실이다. 화학자 아르민 렐러는 이
글에서 이산화탄소의 전형적인 기능을 살펴보면서 우리로 하여금 이산화탄소
의 특징을 조망하게 해주는 한편, 생물과 무생물을 중개하는 이산화탄소와 함
께 해온 우리의 역사가 바야흐로 위기에 봉착했음을 보여 준다.

이산화탄소는 다채롭고 매력적인 물질이다. 이산화탄소는 물리적
으로 여러 가지 형태로 존재하며, 그 작용과 기능으로 지구사에 결
정적인 영향을 미쳐 왔고, 앞으로도 계속 영향을 미칠 것이다. 그런
데 요즘, 활발하게 움직이는 기체로 모든 곳에 두루 존재하는 이산
화탄소에 대한 평판은 그리 좋지 않다. 우리는 매번 이산화탄소에
게 죄를 돌리며 아무 것도 알려 하지 않고 그냥 눈감아 버리려는 경
향이 있다. 이산화탄소 없이는 지금 우리 눈에 보이는 지구의 생물
들이 결코 존재할 수 없었을 거라는 사실과, 이산화탄소가 중개자
이자 조정자로서 지구의 지질학적, 생물학적 역사에 지대한 영향을
미쳐왔다는 사실을 인정하기 싫어하는 것처럼 보인다.

그러나 이제는 지구 탄생 이후 이산화탄소가 어떤 역할을 해왔는
지 명확하게 살펴보도록 하자. 원시 대기 속에는 이산화탄소의 농
도가 매우 높았다. 이후 산맥이 속속 형성되고 탄산염이 광물 속에

● 왼쪽 사진은 스위스 빈터투르의 숲에서 칼슘이 풍부한 물과 대기 속 이산화탄소가 수 백 년 동안 상호작용해 석회가 형성된 모습. 오른쪽 사진은 너도밤나무 잎에 칼리치가 덮여 있는 모습.

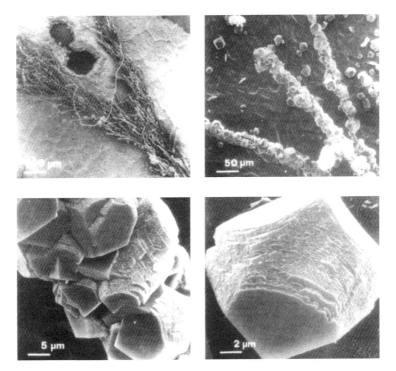

● 위 사진 네 장은 주사전자현미경으로 관찰한 미세한 석회 결정. 결정은 잎맥을 따라 진주 목걸이처럼 늘어선 다음, 두꺼운 층을 이룬다. 완벽한 결정 형태와 각 입자에 있는 성장 영역(릴리프 구조처럼 생긴 결정의 모서리: 마지막 사진)이 보인다.

퇴적되면서 이산화탄소의 농도는 대폭 줄어들었다. 이산화탄소는 2억 5,000만 년에서 1억 2,000만 년 전까지 형성된 돌로마이트(눈처럼 흰 마그네슘과 칼슘의 탄산염 광물)나 능철석($FeCO_3$)처럼 산업적으로 중요한 금속 퇴적층, 혹은 예쁜 빨간색의 탄산 망간이나 능아연석 등의 광물 속에 퇴적되어 있다.

또한 35억 년 전 광합성이 시작되면서 처음에는 파래의 광합성에, 나중에는 고등 식물의 광합성에 이산화탄소가 쓰이면서 원시 대기 속의 그 높던 이산화탄소의 농도는 차츰 차츰 감소하는 대신 산소의 농도가 점점 올라갔다. 이산화탄소는 이렇게 광물질과 결합해 암석 속에 퇴적되고, 생물 속에 저장되고, 광합성을 통해 변신하면서 지구의 모습을 매우 변모시켰다.

더 나아가 진화 과정에서 고등 생물이 생겨나면서 이산화탄소와 함께 하는 믿을 수 없을 만큼 복잡하고 필수적인 변화가 일어났다. 바로 생물학적 광물생성작용(biomineralization: 생물의 골격이나 내부 조직에 광물이 형성되는 작용)이다. 이산화탄소와 반응해 석회로부터 껍질과 외골격, 내골격이 생겨남으로 말미암아 코콜리스, 조개, 산호, 달팽이 같은 매력적인 생물체가 탄생했다. 이런 과정을 통해 바다, 강, 호수 등 모든 물에서 형태와 기능이 환상적인, 아주 놀라운 석회질 생물들이 나타났다. 쥐라 산맥을 비롯한 전 산맥과 오스트레일리아의 널라버 평원과 같은 크고 메마른 대양분지들에 묻힌 미세한 생물들의 존재가, 이산화탄소가 지구에 베푼 향연을 실감케 한다.

균형을 벗어난 농업

이산화탄소는 광물질과 결합해 암석 속에 존재하고, 물에 용해되어 있으며, 생물과 유기물 속에 들어 있고, 또한 공기 중에서 떠돌아다닌다. 매우 다양한 형태로 존재하는 이산화탄소의 양은 출처에 따라 부분적으로 상당한 차이를 보이긴 하지만 대략 다음과 같이 집계된다.

우선 광물 속에 탄산염으로 퇴적된 탄소의 양은 3,000만에서 1억 기가톤(1기가톤=10억 톤)이다. 장구한 세월 동안 광물 안에 '고정'되어 있는 것이다. 대양과 민물 속에 용해되어 있는 양은 4만 기가톤이며, 숲, 덤불, 풀, 동물과 인간, 즉 바이오매스(생물량) 속에 저장된 이산화탄소의 양은 560에서 최대 650기가톤이다. 그 외 매년 약 60기가톤이 광합성에 사용되며, 3,000기가톤이 부식 물질로 땅 속에 존재하고, 750기가톤이 대기 중에 부유한다. 탄소는 이처럼 어떤 때는 대기 중에 떠돌아다니는 기체로, 어떤 때는 수백만 년 동안 고정된 암석권의 구성 성분으로 존재한다.

양적, 시간적 비율로 따져 보면 대기 중에 존재하는 이산화탄소의 양은 상대적으로 적다. 여기서 우리는 이산화탄소가 이처럼 적은 양으로도 지구에 중요한 영향을 끼친다는 사실과 함께 대기 중의 이산화탄소 양을 증가시켜 농도가 높아지지 않도록 조심해야 한다는 것을 알 수 있다.

반면, 이렇게도 생각할 수 있다. 대기 중의 이산화탄소가 많아지면 식물도 그만큼 무성해지는 것이 아닐까? 그럴 수 있다. 토양이 영양소를 충분히 함유한다면 말이다. 문명사적 업적이라 할 수 있는 농업은 바로 그런 메커니즘에 기초한다. 농업은 의도적으로 태양에너지를 광합성에 활용해 소중한 바이오매스를 생산한다. 성공적인 농업은 균형 잡힌 탄소의 순환, 높은 에너지 효율, 토양의 질유지, 지역적으로 특수하면서도 다양한 식물 재배 등을 특징으로 한다.

그러나 오늘날의 현실은 이상적인 농업에서 멀어져 있다. 세계적으로 기계, 비료, 살충제, 농약, 관개 시설을 이용한 단일작물 재배

●
브라질 론도니아 지방의 1975년 위성사진. 상대적으로 온전했던 열대우림 모습이다.

에 과도한 에너지가 투입되고 있어, 토양의 비옥성과 식물다양성이 어마어마한 속도로 감소되는 실정이다. 이산화탄소의 순환도 균형을 잃어 탄소동화작용으로 소비되는 양은 배출량을 따라잡지 못하고 있다. 세계 인구가 계속 증가할 것으로 미루어 보면, 이런 상황은 앞으로 더 심해질 것이다.

특히나 위험한 것은 단기적 이익을 위해 대규모로 행해지는 벌목과 화전 농업이다. 2008년에만 해도 약 13만 제곱킬로미터의 땅이

브라질 론도니아 지방의 2001년 위성사진. 1975년에 비해 황폐화된 모습으로, 열대우림의 파괴가 한눈에 들어온다.

이런 운명에 처했다. 커피, 팜유, 사탕수수, 대두 같은 단일작물 재배는 단기적으로는 경제적 이익을 가져올지 몰라도, 결국에는 벌거벗고 황폐화된 불모의 땅만 남긴다. 가난에 방치된 소농 가족은 그런 땅에서 도무지 수확을 올릴 수 없다. 토양의 유기물이 다 빠져나가기 때문이다. 과거부터 현재까지 인도네시아, 말레이시아, 콜롬비아, 브라질, 아프리카에서 거대한 규모의 땅이 이런 파괴와 착취에 고통받고 있다. 이런 고통 위에서 탐욕스런 소비 지역인 유럽과 북아메리카는 패스트리빙과 패스트푸드의 시대를 살며 그들의 라이프 스타일을 꾸려 나가고 있다.

착취되고 파괴된 땅에 남아 있는 부식 물질은 미생물에 의해 분해되어 거대한 양의 이산화탄소를 대기 중으로 방출시키며, 이산화탄소는 광합성을 통해 물과 햇빛과 결합해 다시금 식물로 돌아간다. 이런 과정을 통해 사료 및 식량 생산은 균형을 잃고, 에너지 집약적이며 이산화탄소를 배출하기만 하는 구조가 되었다. 이는 엄청난 농경 용수를 사용해 거대한 면적에서 면화, 사이잘 삼, 나무를 경작해 단기적인 이익을 약속하는 구조로 이어진다. 탄소 순환은 균형을 벗어났고, 농업은 에너지를 끌어모으는 일이 아니라, 화석 연료를 소비하는 일이 되었다. 경작식물을 통해 흡수되는 이산화탄소 양은 농업으로 인해 배출되는 이산화탄소 양에 비한다면 터무니없이 적다. 치명적인 역사적 과정이다.

산업 국가들의 에너지 굶주림

그러나 과거(1800년 이전) 이산화탄소 농도가 280피피엠(ppm, 백만분

율)에서 오늘날 380피피엠으로 증가한 것은 이런 300년간의 농장식 재배와 단일작물 재배 때문만은 아니다. 지난 100년 동안 산업과 기술이 발전하면서 귀중한 탄소 지하자원이 허무하게도 이산화탄소와 물, 엄청난 양의 열로 전환되었기 때문이다.

산업화로 인해 4억~1억 5,000만 년 전에 광합성을 통해 생성되고 축적된 탄소 저장원인 화석 연료, 즉 석탄, 석유, 천연가스(롤프 페터 지페를레는 이것을 '지하의 숲'이라 부른다)가 연소되어 물과 이산화탄소로 변하기 시작한 이래로, 인류는 지구의 탄소 순환에 영향을 미치고 있다. 특히 모터, 발전소, 용광로, 난방과 단일작물 재배를 위한 화전농업으로 인해 생성되는 이산화탄소가 대기 중의 이산화탄소 농도를 높이고 있다. 현재 세계적으로 매년 30기가톤 이상의 이산화탄소가 이런 식으로 배출된다. 또한 우리의 중개자인 이산화탄소가 대기에서 물로 옮겨 가는 양상이 바뀌면서 물속의 이산화탄소 양도 많아졌다. 그래서 석회골격에 의존해 살아가는 생물들의 삶의 조건이 대폭 변해 그들은 점점 궁지에 몰리고 있다. 이산화탄소 내지 탄산 함량이 높아지면서 그들의 정교한 석회골격에 이상이 나타난 것이다.

산업화 시대를 맞아 증가된 철강 생산은 인류에게 일상 용품과 기계, 배, 철도, 다리 그리고 무기, 대포, 탱크 같은 전쟁 용품을 선사해주었고, 이것은 여전히 계속된다. 그러나 이 기간 동안 철광석이 엄청나게 제련되면서 얼마나 많은 양의 이산화탄소가 배출되었는지는 알려지지 않는다. 이제는 현대화된 공정으로 조강 1톤 당 이산화탄소 방출량이 1.35톤으로 줄었다. 그럼에도 철강 산업으로 인해 방출되는 이산화탄소 양은 인간의 활동으로 인한 전 세계 이산화탄소 방출량의 최소 7퍼센트에 이른다. 또 다른 전략 산업인 시멘트 산업도 다양한 에너지원의 연소 과정(석회가 연소되고 이산화탄소와 산화칼슘이 생성된다)을 통해 인위적 이산화탄소 배출량의 7퍼센트를 담당하고 있다.

또한 이산화탄소를 그다지 많이 방출하지 않을 거라고 여겨지는 산업 부문들도 알고 보면 그렇지 않은 경우가 많다. 가령 종이 생산의 경우, 과정 자체에서는 이산화탄소가 방출되지 않는다. 그러나 에너지 집약적 제조 방법으로 말미암아 현재 종이 1톤 생산에 이산화탄소 1톤 이상이 방출된다. 유리 제조의 경우에도 종류에 따라 유리 1톤 당 최소 0.8톤의 이산화탄소가 발생한다. 대량 생산되는 일상 용품은 문명적 업적이며 우리 삶에 꼭 필요한 요소들이지만, 부지불식간에 이런 산업에서 얼마나 많은 이산화탄소가 방출되는지는 전혀 우리 안중에 없다.

이제 학자들은 자동차에 사용할 바이오연료를 제조해 대기 중의 이산화탄소를 다시금 바이오매스로 바꾸겠다고 한다. 사탕수수 농장주들과 친환경 정책가들은 특히 사탕수수에서 얻는 에탄올은 재생에너지로 사용할 수 있을 것이라고 말한다. 현재 브라질에서는 독일 면적만 한 크기의 경작지에서 2007년 기준으로, 전 세계 바이오연료 생산량 중 3분의 2에 해당하는 약 500억 리터의 바이오연료를 생산하고 있다. 이는 제곱킬로미터 당 약 60만 리터에 해당한다. 사탕수수는 친환경적인 대안으로 여겨지고 있다. 사탕무(제곱킬로미터 당 50만 리터), 옥수수(제곱킬로미터 당 30만 리터), 밀(제곱킬로미터 당 25만 리터)과 비교할 때 에탄올 생산량이 가장 높기 때문이다.

하지만 한편에서는 이런 단일작물 재배가 장기적으로 지역의 기후와 토양과 생물다양성에 영향을 미칠 것이라는 우려 섞인 목소리가 나오고 있다. 탄소 순환이 깨지지는 않는지, 바이오연료 생산으로 특정 지역 원주민들이 생활터전에서 내쫓기지는 않는지, 사탕수수 노동자 가족들이 어떤 비참한 조건에서 연명하는지는 거의 고려되지 않고 있다. 또한 현재 바이오연료 생산과 관련한 광합성의 효율은 6퍼센트 내지 최대 7퍼센트인데, 자동차 엔진은 25~30퍼센트의 효율로 에탄올을 다시 이산화탄소로 연소시킨다. 충격적이지 않은가.

바이오연료가 생산지에서 소비지로 수송되어야 한다는 점을 고려하면 세계 탄소 순환에 더 큰 부담이 된다. 게다가 바이오연료를 재배하게 되면 생계와 직결되는 식량 생산에 활용할 수 있는 유용한 땅이 감소해 기아가 심화된다는 점도 생각해야 한다. 스위스 면적의 세 배에 달하는 13만 제곱킬로미터의 숲이 벌목이나 화전을 통해 '경작지'로 탈바꿈했다. 이와 관련한 이산화탄소 방출은 전 세계 방출량의 20퍼센트에 달한다. 그러나 더 심각한 것은 이런 숲들이 더 이상 이산화탄소를 흡수하지 못하면, 수분대사는 민감하게 반응해 불안정해지고, 땅은 잠시 이용된 뒤 생산성을 잃어버리게 된다는 것이다. 완전한 착취다!

지구의 호흡 안에서 살아가기

지금 우리 인간들은 분명히 잘못하고 있다. 자유롭게 선택된, 혹은 강요된 라이프 스타일이 세계적으로 거의 파악하기 힘들 정도로 영향을 미치고 있다. 한쪽에서는 속도가 빠르고, 물질과 에너지가 많이 들어가는 '제1세계'의 라이프 스타일이 존재하며, 이런 생활 방식이 초래하는 탄소발자국은 엄청난 규모가 되었다. 그리고 다른 한 쪽에는 오로지 생존을 위해 투쟁해야 하는 사람들이 있다. 그들은 '제1세계 사람들'이 소비하는 원료, 곡식, 일상 용품을 생산하기 위해 노동력을 투입하며 죽도록 고생하고 있다.

이렇게 역동적이고, 숨 가쁘게 전개되는 현실이 이산화탄소를, 더 이상 중개적 기능을 하지 못하고 위험하게 축적되는 온실가스로 만들고 있다.

우리는 화석 시대의 막바지에 있다. 천연 자원을 과도하게 사용하는 것, 이산화탄소 배출량을 줄이는 것에 대해 어떤 대안을 가지고 있는가? 이산화탄소 포집 기술 같은 기술적 해법은 비용이 많이 들고, 소수의 지역에서만 시행 가능한 제한적인 해법이다. 현재 철을 촉매제로 활용해 바닷말 성장을 강화시켜 광합성을 늘림으로써 이산화탄소를 줄이는 방법도 제안되고 있지만, 해당 생태계를 교란시킬 위험성이 있다. 이런 종류의 대규모 실험은 서투른 마술사의 억지 마술 같은 느낌이 든다.

현실 가능한 방법은 할 수 있는 일은 하고, 아직 모르는 것은 배우는 것이다. 삶의 질을 많이 떨어뜨리지 않는 선에서 제1세계의 생활 방식을 훨씬 효율적으로 조정할 수 있을 것이다. 그러기 위해서는 '충족성'이라는 개념이 중요하다. 우리 생활의 질은 시종일관 모든 먹거리를 구비할 수 있고, 에너지를 무제한 이용할 수 있는 것에만 달려 있지는 않다는 생각 말이다. 중요한 것은 지구의 생명 능력을 제한하지 않고, 오히려 생명 능력을 촉진하는 방식으로 지구의 놀라운 생명 과정에 참여하는 것이다. 우리는 아직 그런 삶의 방식과

거리가 멀다. 하지만 세계적으로 에너지와 이산화탄소의 균형이 이루어지게끔 농업을 조절할 수 있을 것이고, 벌목하기보다 숲을 조성하는 데 힘쓸 수 있을 것이다. 최신 연구에 따르면 이러한 방법으로 이산화탄소 배출을 10기가톤 이상 감축시킬 수 있다고 한다. 대체에너지 기술을 활용해서도 그와 비슷한 성과를 올릴 수 있다. 알고 있는 바를 실천에 옮기고, 미래에 적용 가능한 삶의 방식을 알아보고, 탄소가 생물권에서 계속해서 생명 촉진 기능을 할 수 있도록 우리의 탄소발자국을 바람직하게 만들어 나가야 할 것이다.

요아힘 헤르만

이산화탄소 배출량 계산하기

기후에 대한 논의에서 꼭 등장하는 것이 바로 이산화탄소 배출량, 즉 탄소발자국이 나와 있는 표다. 이산화탄소 배출량은 이산화탄소 자체보다 더 유명하다. 그러나 이산화탄소 배출량이 어떻게 도출되는지, 어떤 의미를 갖는지 아는 사람은 드물다. 기후 논의를 할 때 번번이 등장하는 정도가 정작 얼마나 심각한지 아는 사람도 거의 없다. 기가톤이란 어느 정도일까? 물리학자 요아힘 헤르만은 일상의 예를 통해 이산화탄소 배출량을 계산하고, 개인적인 이산화탄소 통계에서 중요한 점이 무엇인지를 보여 준다.

이산화탄소는 지구의 기온과 기후에 영향을 끼친다. 이산화탄소 외에 메탄, 아산화질소, 특히 수증기가 기후에 영향을 끼치는 기체들이다. 이런 기체들로 말미암아 현재 지구의 평균 기온은 약 15도가 되었다. 그들이 없었다면 기온은 더욱 낮은 영하 18도 정도가 되었을 것이다. 현재 공기 중의 이산화탄소 비율은 약 380피피엠으로, 0.04퍼센트에 못 미치는 정도다. 그러나 이 농도는 최근 꾸준히 상승세를 타며 한 해에 2피피엠 정도씩 늘어나고 있다.

자연은 왜 지구의 생물로 하여금 지구를 점점 더 따뜻하게 데우는 작용을 하는 기체를 생산하도록 했을까? 언뜻 볼 때 불합리해 보인다. 계속 지구가 데워지면 어느 순간에는 더 이상 생물이 거주하지 못할 정도가 되지 않을까? 물론 자연은 그럴 의도가 없을 것이다. 생물들이 이산화탄소를 방출하는 것은 오히려 생명계를 유지하기 위한 자연의 해결책이기 때문이다.

생명을 유지하려면 에너지가 필요하다. 생명에 필요한 에너지는 거의 모든 경우 '에너지로 충만한' 탄소 화합물이 화학적 변화를 거치면서 나온다. 그러므로 탄소 유기 화합물은 생명 에너지의 전달자다. 탄소 화합물은 산소의 도움을 받아 이산화탄소와 다른 산물로 갈라진다.

그렇다면 이 탄소 화합물은 어떻게 생겨나는 것일까? 그들은 매일 매일 광합성을 통해 물과 이산화탄소로부터 생산된다. 광합성의 동인은 식물과 말의 엽록소를 통해 받아들여지는 햇빛이다. 햇빛의 일부분은 광합성을 통해 생산된 탄화수소 속에 화학적 에너지로 저장된다. 광합성을 통해 또 하나의 산물이 생겨나는데 그것이 바로 지구의 생명에 필요한 산소다. 산소는 거의 광합성의 폐기물이라고 할 수 있다. 이처럼 자연의 해법은 지구의 다양한 생명이 공생하는 것이다. 식물과 조류(藻類)는 이산화탄소와 빛을 이용해 탄소유기 화합물과 산소를 생산하고, 인간과 다른 생물들은 이렇게 생산된 산소와 탄소 유기 화합물로부터 필요한 에너지를 얻는다. 그리고 그 과정에서 다시금 이산화탄소를 배출한다. 숨 한 번 쉴 때마다, 신음 한 번 할 때마다, 말 한 번 할 때마다 우리는 이산화탄소를 내뿜는다.

사람은 얼마나 많은 양의 이산화탄소를 뿜어낼까?

사람의 호흡용량(폐활량)은 나이, 성별, 신체 활동 정도에 따라 달라진다. 성인은 1분에 평균 12번~15번 호흡을 하고, 매번 약 0.5리터의 공기를 들이마신다. 1분 당 약 6.5리터의 공기가 신체를 순환하는 것이다. 들이마시는 신선한 공기에는 0.04퍼센트라는 상대적으로 적은 양의 이산화탄소가 들어 있으며, 날숨에는 약 4퍼센트(4만 피피엠)의 이산화탄소가 들어 있다. 즉 사람은 음식 속의 탄소를 연소해 매일 약 700그램, 1년으로 치면 약 260킬로그램의 이산화탄소를 생산한다. 환기가 잘되는 공간에서 이런 이산화탄소는 금방 날아가지만, 닫힌 공간에서는 그렇지 않다.

수업 시간에 졸아 보지 않은 사람이 있을까? 쉬는 시간이 끝나고 교실에 다시 들어갈 때, 교실 공기가 탁한 것을 느껴 본 적 있을 것이다. 아이들이 교실에서 꾸벅꾸벅 조는 것은 수업이 지루해서기도 하지만, 이산화탄소 때문이기도 하다. 이산화탄소는 냄새가 없어서 매캐하게 느껴지지는 않는다. 하지만 이산화탄소 농도가 높아지면 인체에 영향을 미친다. 100년도 더 전에 막스 폰 페텐코퍼가 공기 중의 이산화탄소 함량이 상승하면 공기 위생에 문제가 발생한다는 것을 확인했다. 그 이후 이산화탄소 농도는 실내 공기의 질을 평가하는 잣대가 되었다. 그는 실내 이산화탄소 농도 한계치를 0.1퍼센트(1,000피피엠)로 보았다. 독일공업규격(DIN) 1946-2는 오늘날 대기 중 이산화탄소 농도가 1,500피피엠을 넘지 않도록 권고한다.

호흡을 통한 이산화탄소 배출량

체내 에너지 대사를 통한 전 인류의 이산화탄소 총 '배출량' 역시 위와 같이 어림할 수 있다. 세계 인구가 약 67억 명(2009년 기준)이니까 호흡으로 발생하는 이산화탄소는 연간 약 20억 톤이라는 계산이 나온다. 이것은 전 세계의 자동차들이 연간 뿜어내는 이산화탄소의 양에 맞먹는다(자동차 약 6억 대, 연간 주행거리 약 1만 5,000킬로미터, 킬로미터 당 이산화탄소 배출량 약 200그램= 연간 이산화탄소 배출량 약 18억 톤).

●
학생들이 수업 시간에 조는 것은 지루한 수업 때문만은 아니다. 환기를 잘 하지 않아 신선한 공기가 유입되지 않으면 교실 내의 이산화탄소 농도가 올라가고 학생들은 노곤해진다.

또 하나의 기준치는 일터 최대 이산화탄소 농도(MAK-Wert)라는 것으로 독일연구재단(DFG)이 상원의 결의를 거쳐 규정한 수치다. 이 수치는 5,000피피엠을 상한선으로 두고 있다. 이산화탄소 농도가 그보다 높으면 피로, 두통, 어지럼증, 심박동 증가 등이 나타날 수 있으며, 5퍼센트(5만 피피엠)부터는 의식을 잃을 수 있고, 8퍼센트가 되면 사망에 이른다.

교실 안 무거운 공기

교실에서 학생들은 얼마나 많은 이산화탄소를 만들어 낼까? 학급 당 학생수가 25명이라고 하면 호흡을 통해 1시간에 순수한 이산화탄소 0.3세제곱미터가 유입된다. 교실의 바닥 면적이 70제곱미터고, 높이가 3미터인 경우 수업을 1시간 할 때마다 이산화탄소 비율이 0.13퍼센트씩 증가한다. 그러므로 중간에 환기를 해주지 않는 경우 4교시만 지나면 노동 공간 최대의 이산화탄소 농도인 0.5퍼센트에 도달한다.

이산화탄소는 호흡을 통해서만 생성되는 것이 아니다

이산화탄소는 생명체의 호흡을 통해서 뿐 아니라, 탄소를 함유한 땔감을 연소시킬 때나 부패 과정에서 유기물질이 분해될 때도 생성된다. 이 과정에서는 열이 방출되므로, 인류는 몇 십만 년 전부터 불을 피워 이런 열을 이용해왔다. 오늘날까지도 우리는 불에서 에너지를 얻는다. 현재는 이전 어느 시대보다 에너지를 더욱 많이 얻는다. 가정에서 난방을 하고 음식을 할 때, 공장에서 기계를 돌릴 때, 자동차와 많은 기계와 가전제품이 작동할 때 다양한 규모와 형태의 불들이 저장된 화학에너지를 열과 운동에너지로 전환시킨다. 오늘날 이런 연소는 예전과는 달리 눈에 띄지 않게 진행된다. 불이 연소되는 장소와 우리가 에너지를 이용하는 장소는 서로 멀리 떨어져 있다. 가령 갈탄 화력발전소에서 거대한 불이 에너지를 전기로 바꾸면, 그 전기는 고압선을 통해 우리가 사는 집까지 송전된다. 우리는 연기 냄새 하나 맡지 않고 편하게 전기를 이용한다.

지구의 전체 탄소량은 100억 기가톤에 이른다[1]. 언뜻 어떻게 이런 수가 나왔을까 이해가 가지 않을 것이다. 단위 또한 생소하다. 기가톤의 탄소는 어마어마하게 많은 양이다(1기가톤은 10억 톤에 해당한다). 1톤만 해도 1,000킬로그램으로 소형자동차의 무게와 맞먹는다. 1기가톤은 쿠푸왕의 피라미드를 100개 합쳐 놓은 것보다 무거운 양이다. 쿠푸왕의 피라미드의 무게는 약 600만 톤이다.

이렇듯 상상을 초월하는 양을 조금 더 잘 이해하기 위해 머릿속에서 거대한 구를 굴려 보자. 지구 전체의 탄소를 뭉쳐 놓은 구의 지름은 2,000킬로미터가 넘는다[2]. 비교를 위해 달은 언급하자면 달

지름은 약 3,500킬로미터다.

대부분의 탄소는 땅 속 깊은 곳에 숨겨져 있다. 지구의 바깥층인 지각에 있는 양은 몇 천만 기가톤 '밖에' 되지 않으며, 주로 탄산염 형태로 존재한다. 석회석이나 대리석의 탄산칼슘($CaCO_3$), 돌로마이트($CaMg(CO_3)_2$), 규산칼슘과 같은 미네랄 성분의 탄산칼슘이 그것들이다. 판구조 활동을 통해 이런 탄소는 차츰 차츰 방출되지만, 이 과정은 몇 백만 년에 걸쳐 아주 느리게 진행된다.

지구에서 생명이 직접적으로 이용할 수 있는 탄소의 양은 아주 적다. 기후변화국제협의체(IPCC)의 제4차 보고서(2007)에 따르면 그 양은 3만 8,000기가톤 정도지만, 대부분 대양에 녹아 있다. 대지 형태를 포함한 바이오매스에는 2,300기가톤의 탄소가 존재한다. 그중 610기가톤은 살아 있는 유기체에 함유되어 있다. 반면 바다의 바이오매스에 들어 있는 양은 3톤 정도밖에 되지 않는다[3]. 대기 속에는 760기가톤의 탄소가 함유되어 있다. 대기 속 탄소는 거의 이산화탄소 형태로 존재하는데, 대기 중의 이산화탄소 비율은 약 0.04퍼센트로 미미하다.

---

1. 지구 전체적으로 탄소는 평균 1,700~3,800피피엠 분포하는 것으로 추정된다.

2. 계산 과정은 이렇다. 토양 속에 평균 2,000피피엠의 탄소가 들어 있다고 할 때 탄소 질량이 지구 총 질량에서 차지하는 비율은 0.2퍼센트 정도다. 즉 지구의 질량이 약 59억 7,770만 기가톤이므로 지구 내부의 탄소는 11억 9,000만 기가톤이다. 그런데 순수한 탄소는 흑연 형태로 존재하고, 흑연의 밀도 r은 세제곱미터 당 2.26톤이므로 m=r×V(질량=밀도×부피)라는 공식에 따라 탄소의 전체 부피는 약 5.3×1,018세제곱미터다. 그리고 구의 부피를 계산하는 공식 V=4/3×π×r³에 따라 지구에 존재하는 탄소를 한데 모아 거대한 흑연 구를 만든다고 할 때 이 구의 반지름 r은 1,081킬로미터라는 결과가 나온다. 그로써 지름은 2,162킬로미터다.

3. 살아 있는 유기체에 저장된 약 613기가톤의 탄소로 흑연 구를 만들면 약 271세제곱미터 크기의 구가 될 것이며, 지름은 약 8킬로미터일 것이다. 지구 전체 탄소량을 가지고 만든 거대한 구와 비교하면 아주 조그만 크기다. 이 구를 둘로 쪼개 약간 평평하게 만든 다음, 그 반구들을 알프스 산 앞에 가져다 놓고 눈으로 덮으면 그다지 눈에 띄지 않은 평범한 산처럼 보일 것이다.

배출량이라고 다 같은 배출량이 아니다

지구에 존재하는 어마어마한 탄소의 양을 조망해보았으니, 다시 이 산화탄소 배출로 돌아가 보자. 우리는 호흡할 때 발생하는 이산화 탄소 배출에 대해 살펴본 바 있다. 실제로 거의 모든 활동에서 눈에 띄지 않게 이산화탄소가 생성된다. 언론에서 그렇게 자주 이산화탄소 배출량을 떠들어대는 것도 이 때문이다. 생산 과정, 수송 과정 등 모든 활동에서 이산화탄소가 배출된다. 수 년 전부터 탄소발자국이 라는 개념이 널리 쓰이는데, 특정 활동으로 인해 대기 중으로 배출되 는 이산화탄소의 양을 알려 주는 것이다. 탄소발자국은 기후변화의 관점에서 일상의 습관을 점검할 수 있게 하는 주요 수단이다.

탄소발자국의 계산법은 단순하고 명확할 때도 있지만, 정확한 배 출량을 계산하는 것이 쉽지 않을 때도 있다. 배출량 계산에 적용하 는 틀이 다를 수 있기 때문이다. 그 이유는 간단하다. 어떤 행위의 배경에는 눈에 띄지 않게 진행되는 많은 과정이 있고, 이런 배후의 과정들 중 어떤 것을 배출량 계산에 포함시키느냐에 따라 결과값이 상당히 달라지기 때문이다. 똑같은 행위라도 배출량이 서로 다르게 나올 수도 있다. 그렇다고 둘 중 하나가 틀린 것도 아니다.

이것을 가계도처럼 표시할 수도 있다. 모든 사람에게는 반드시 부 모가 있다. 부모에게도 당연히 부모가 있다. 세대를 거슬러 올라갈 수록 가계도의 가지는 더욱 많아지고 길어진다. 탄소발자국도 거슬 러 올라갈수록 어떤 행위를 가능케 한 사슬이 더 많아진다. 이 수많 은 사슬 중 어디서부터 따질 것인가, 어떤 부분을 포함시키고 어떤 부분을 누락시킬 것인가를 결정하는 것은 쉽지 않다. 그래서 탄소발자국을 명확하게 계산하기 어렵고, 의도적으로 조작할 여지도 다분하다.

커피와 신문: 아침의 탄소발자국

가령 어느 신문 독자의 이산화탄소 배출량을 따져 보자. 호흡이나 중얼거림, 흥분해서 신문 기사를 논하는 것을 통해 이산화탄소가 얼마나 배출되는지는 앞에서 살펴보았다. 그렇다면 신문 자체는 어떨까? 신문 한 부의 평균 무게는 200그램 정도다(지면 10페이지: 80× 57.5센티미터, 45그램/제곱미터). 신문 1킬로그램을 생산하면 약 1킬로그램의 이산화탄소가 배출된다(Öko-Institut 2008). 즉 신문 한 부를 만드는 데 200그램의 이산화탄소가 발생한다는 말이다. 1년간 300부의 신문을 본다고 하면, 신문 무게는 총 60킬로그램, 따라서 이산화탄소도 60킬로그램이 배출된다. 하지만 여기에 고려되지 않은 것이 있다. 신문이 아침마다 어떤 경로를 통해 식탁이나 사무실 책상까지 오는가 하는 것이다. 또한 기사를 만드는 데 드는 많은 활동과 인쇄 역시 고려되지 않았다. 이런 과정에서도 이산화탄소는 배출되는데 말이다.

으레 커피 한 잔을 홀짝이며 아침 신문을 보는 사람들이 많다는 사실까지 고려해보자. 우리가 커피 한 잔을 마실 때 세계에서는 어떤 일이 일어날까? 우선 남아프리카 같은 지역에서 커피가 경작된다. 식물이 성장하면 언제나 그렇듯이 커피를 재배할 때도 공기 중의 이산화탄소가 흡수된다. 커피 묘목이 자라고, 꽃이 피고, 열매가 맺히는 것은 이산화탄소 덕분이다. 식물을 구성하는 주요 성분인 탄소는 대기에서 오는 것이다. 거기서 진행되는 생물학적 과정은 잘 알려져 있으며, 이때 배출되는 이산화탄소의 양은 정확히 계산할 수 있다. 다른 많은 것들도 개별적으로는 상당히 명확하다. 그러나 '커피'를 둘러싼 전체 시스템을 생각하면 상황은 복잡해진다. 거름을 만들고 주는 것은 재배에 어떤 영향을 미칠까? 지금 커피를 재배하는 땅에서 전에는 무엇을 키웠을까? 커피 농장은 열대우림을 개간한 밭일까, 아니면 황무지를 개간한 밭일까? 그리고 커피 농장 노동자들은 농장까지 어떻게 출근할까? 자전거를 타고 올까, 버스를 타고 올까?

커피를 수확하고 나면 커피 열매에서 과육을 제거해 콩만 남긴다. 이어서 원두를 세척하고 건조, 발효시킨 뒤, 마지막으로 포장을 한다. 이 모든 단계에 에너지가 들어가고, 통상적으로 이산화탄소가 배출된다. 하지만 이것으로 끝이 아니다. 커피콩은 아직 남아메리카에 있으니까. 거대한 컨테이너선으로 커피가 세계의 항구로 운반되고, 그곳에서 다른 교통수단으로 옮겨져 각지로 수송된다. 여기서 이성적으로 탄소발자국 계산을 하려면 컨테이너선의 중유 소비도 포함시켜야 한다. 이어 커피가 도매상에게 도달하기까지 화물차가 소비하는 디젤 연료의 양은 또 얼마나 많을까. 이 화물차가 무엇을 어디로 운반하는지까지 고려하려 들면 탄소발자국을 계산하는 것은 더욱 힘들어진다. 화물차가 배출하는 이산화탄소 중 커피로 인한 배출량을 어떻게 계산할 것인가!

이런 과정을 거쳐 커피는 비로소 커피 가게에 도착한다. 그러나 커피는 거기서 또 우리의 아침 식탁까지 와야 한다. 그렇게 되기까지 방출되는 이산화탄소의 양은 얼마나 될까? 그것은 소비자가 커피를

우리가 아침에 일어나 커피를 마시며 신문을 보는 것조차 사실 기후에 죄를 짓는 일이다. 조간신문만 해도 하루 200그램의 이산화탄소를 배출시키고, 커피 한 잔은 최대 100그램의 탄소발자국을 남긴다. 그래서 아침 식탁에서의 이산화탄소 배출량은 1년에 100킬로그램이 넘는다.

어떻게 마련하는가에 따라 또 달라진다. 자전거를 타고 가서 커피를 사오는가, 도보로 가는가, 일주일치 장을 보면서 커피도 함께 사는가, 아니면 커피가 떨어져서 급하게 자동차를 타고 커피 가게로 달려가는가? 이 모든 것이 커피의 탄소발자국에 영향을 미친다.

이제 드디어 커피를 끓이는 일만 남았지만, 역시 끝이 아니다. 커피를 끓이려면 다시 에너지(보통은 전기에너지)가 필요하다. 따뜻한 물 한 잔, 200밀리리터를 끓이는 데는 최소한 21와트시가 필요하다. 그리고 독일에서 21와트시의 전기를 생산하는 데는 평균 12그램의 이산화탄소가 방출된다. 그러나 이것은 물을 정확히 측정했을 때의 이야기다. 대부분의 사람들은 커피를 끓일 때, 정작 필요한 물의 양보다 훨씬 더 많은 물을 끓인다. 그러므로 커피 한 잔의 정확한 탄소발자국을 계산하려면, 이미 언급했던 모든 과정과 미처 고려하지 못한 과정에서의 배출량도 함께 계산해야 한다. 커피의 탄소발자국에 이 모든 과정을 포함시키느냐 마느냐는 그 후의 이야기다.

커피의 예에서 볼 수 있는 것과 같이 많은 생산 사슬(production chain)에서 올바른 범위를 선택하는 것은 아주 복잡하다. 특히 마지막 소비자를 도외시해서는 안 된다. 관련 연구들에서 알 수 있듯이, 대부분 한 상품의 탄소발자국에 가장 커다란 영향을 미치기 때문이다. 물론 마지막 소비자가 늘 그런 건 아닐 테지만. 가령 샴푸의 경우, 생산 과정에서 발생하는 이산화탄소 배출량은 무시할 수 있을 정도다. 관건은 우리가 머리를 감을 때 온수로 얼마나 오래 머리를 헹구는가다. 머리 감는 것과 관련해 발생하는 이산화탄소의 대부분이 여기서 배출된다. 커피 한 잔의 경우에는 어떤 교통수단을 이용해 커피를 구입하러 가는가, 이어 어떤 방법을 통해 커피 한 잔을 만드는가가 결정적이다. 커피 기계의 탄소발자국도 커피의 탄소발자국으로 일부 계산되어야 하며, 커피를 다 마신 다음 컵을 씻는 것과 쓰레기 처리도 고려해야 한다.

따라서 각 물건이나 상품의 탄소발자국을 작성하는 것은 굉장히 힘든 일이다. 전과정평가(LCA) 국제표준화기구(ISO) 14040과 14044가 일반적으로 중요한 지침으로 여겨지기는 하지만, 탄소발자국을 어떻게 만들 것인지에 대해 국제적으로 공인된 기준은 없다. 다행히 현재 논의는 활발히 이루어지며 상당히 긍정적으로 전개되고 있다. 탄소방출이력(PCF) 프로젝트는 치보 커피 한 잔의 탄소발자국을 약 60그램(최저치)에서 100그램(최고치)으로 산정했다. 생산과 분배에는 약 38그램이 할당되었다. 따라서 순수한 커피 가루에 배당된 이산화탄소 배출량은 38그램이다. 소비자에게는 12~63그램의 방출량이 배당되었는데, 그중 이산화탄소를 가장 많이 배출하는 단계는 커피를 끓이고자 뜨거운 물을 마련하는 과정이었다.

그렇다면 소비자는 어떻게 특정 상품을 생산, 제조할 때 배출되는 이산화탄소의 양을 대략적으로 평가할 수 있을까? 시장 경제의 단순한 규칙을 이용하면 된다. 모든 생산자, 상인, 서비스업 종사자는 당연히 지출한 것보다 더 많은 돈을 벌어들이고자 한다. 그 비용은 최종 소비자에게까지 미친다. 눈에 띄지 않는 1차 생산물과 각 부문에 들어간 비용은 최대 상품의 최종 가격과 동일하거나 그 이하다.

다시 이런 방식으로 커피 한 잔을 마시는 데 드는 이산화탄소의 양을 계산해보자. 커피 한 잔을 만들 수 있는 커피 가루 값이 10센트라고 하자. 그리고 커피 한 잔을 만드는 데 필요한 전기세, 구입을 위한 운송 비용, 커피 기계 값에 들어 있는 커피 한 잔 당 가격을 또 10센트라고 하자. 물론 이 10센트는 어떤 종류의 커피 기계를 사용하는가, 그 커피 기계가 수명을 다하기까지 커피를 몇 잔 만들 수 있는가에 따라 많이 달라진다.

그러면 이 20센트 중 에너지에 지출되는 금액은 얼마일까? 국민 경제의 다양한 생산 영역에서 에너지 강도, 즉 생산된 상품의 생산 가치 대비 에너지 사용 비율은 많이 다르다. 독일에서는 유리와 유리 제품을 제조하는 부문에서의 에너지 지출 비중은 7퍼센트며, 전기와 원격 난방을 생산하고 분배하는 부문에서는 20.2퍼센트, 금융기관과 같은 서비스 부문에서는 0.4퍼센트다(Input-Output-Tabelle 2000). 이런 부문들을 아우르면 전체 상품과 서비스 생산 가치의 약

3퍼센트를 평균적인 에너지 비용으로 잡을 수 있다. 따라서 생산 가치에서 에너지 비용을 약 3퍼센트로 산정하면, 커피의 경우 한 잔당 에너지 비용이 0.6센트라는 계산이 나온다. 이런 에너지를 가장 값싼 에너지원인 석탄에서 얻는다고 하면, 커피 한 잔을 만들기 위해 필요한 에너지의 양은 0.5킬로와트시다[4]. 여기서 이산화탄소는 160그램 발생한다. '대략적인' 평가에 의한 이산화탄소 배출량은 탄소방출이력(PCF) 프로젝트의 분석보다 훨씬 더 많은 양이다.

커피의 예를 통해 에너지발자국 내지 탄소발자국을 작성하는 서로 다른 두 방법을 살펴보았다. 처음에 소개한 것은 과정 분석이다. 이 방법을 이용하려면 진행되는 모든 과정을 양적, 질적으로 상세히 알아야 하는 동시에 어디까지 계산에 집어넣을 것인지, 이성적인 범주를 확정해야 한다. 두 번째 방법으로는 투입산출을 고려한 아주 단순화된 계산이다. 국민 경제 통계 데이터를 활용해 한 상품과 그 상품의 1차산물이 생산되는 데 어느 정도의 에너지 비용이 지출되는가를 산정하고, 그것을 토대로 투입된 에너지양과 그를 통해 배출된 이산화탄소의 양을 어림하는 방법이다.

이산화탄소 배출 주범들

신문이나 커피처럼 우리가 매일 매일 이용하는 상품의 이산화탄소 배출량을 작성하는 것은 쉬운 일이 아니다. 그럼에도 일상 속의 이산화탄소 배출량을 대략적으로 어림하는 것은 전체의 배출량에 커다란 영향을 미치는 주요 부문들이기 때문이다.

독일의 모든 인구는 가정에서 연평균 1,700킬로와트시의 전력을 소비한다. 이를 현재의 에너지 상황을 고려해 환산하면, 1인 당 연평균 1톤의 이산화탄소를 배출한다는 결론이 나온다.

전기

이산화탄소 배출량에 많은 영향을 끼치는 부문 중 하나가 전기 소비다. 전기는 간접적으로 이산화탄소를 배출하는 에너지원이다. 전기와 관련한 이산화탄소는 전기를 소비하는 가전제품에서 발생하는 것이 아니라, 전력이 생산되는 곳인 발전소에서 발생한다. 2008년 독일연방 경제에너지부(BMWi)의 데이터에 따르면, 47퍼센트가 석탄, 21퍼센트가 핵에너지, 12퍼센트가 천연가스, 11퍼센트가 수력, 풍력, 바이오매스를 통해 생산되고, 기름과 쓰레기를 통해

---

4. 석탄 1톤 당 가격을 100유로, 석탄의 연소값(fuel value)을 7.87킬로와트시/킬로그램, 킬로와트시 당 이산화탄소 배출량을 336그램으로 가정할 때의 계산이다.

각각 1퍼센트씩 생산된다(기름과 쓰레기 역시 연소되고, 그것에서 방출되는 에너지가 활용된다).

이 에너지 통계를 기준으로 독일에서 전기 소비와 관련한 이산화탄소 배출량을 계산해보았다. 2005년 기준으로 독일에서 소비되는 전력 1킬로와트시 당 이산화탄소 배출량은 평균 583그램(BMWi 2008)인 것으로 나타났다. 이것은 인간이 평균 19시간 동안 호흡을 통해 배출하는 이산화탄소의 양과 맞먹는다. 독일의 가구 당 전력 소비량은 2007년을 기준으로 약 140테라와트시(1테라와트시=10억 킬로와트시)였다. 한 사람 당 소비량을 따져 보면, 요리하고, 텔레비전을 보고, 다른 일을 하면서 소비한 평균 전력이 1년에 약 1,700킬로와트시라는 결과가 나온다. 이것을 바탕으로 계산하면 한 사람이 전기를 소비하며 배출하는 이산화탄소의 양은 1년에 약 1톤이다.

난방

추운 지역에서는 주거 공간에 난방을 하는 것이 필수다. 2006년 독일 통계청의 자료에 따르면, 독일에서는 난방과 온수를 위해 가구 당 2.4엑서줄(exajoule)의 에너지가 들어간다. 이를 토대로 계산하면 난방과 온수에 소비하는 에너지가 1인 당 평균 8,000킬로와트시 이상이라는 결론이 나온다. 독일의 1인 당 주거 면적은 약 39.2제곱미터이므로, 주거 공간 1제곱미터 당 1년에 약 200킬로와트시의 열에너지가 필요하다는 의미다. 이런 열을, 90퍼센트의 효율과 1킬로와트시로 연소 가능한 도시가스(시간 당 200그램의 이산화탄소 배출)의 중앙난방을 통해 얻는다고 하면, 난방과 온수와 관련한 1인 당 이산화탄소 배출량은 1년에 1.8톤이라는 계산이 나온다. 호흡을 통해 배출되는 것보다 7배 정도 많은 양이다. 기름보일러의 경우 배출량은 3분의 1가량 더 늘어난다.

난방으로 배출되는 이산화탄소의 양을 몇 배로 낮추는 기술이 있기는 하다. 열손실을 적게 하는 패시브 하우스 같은 건물에서는 1년간 같은 온도로 난방을 하는 데 제곱미터 당 15킬로와트시밖에 들지 않는다. 보통 집에서 난방을 할 때 쓰는 전력의 90퍼센트 이상이 감소된 수치다. 그러나 꼭 패시브 하우스를 새로 짓지 않아도 몇 가지 사항만 준수하면 에너지를 절약할 수 있고, 이산화탄소 배출량도 줄일 수 있다. 그중 하나가 적절한 냉난방과 환기를 하는 것이다.

개인 교통수단

이산화탄소 배출 주범 중 하나는 교통수단이다. 이 부문에서도 통계를 통해 배출량을 쉽게 가늠할 수 있다. 독일연방 교통청은 2006년을 기준으로 승용차의 경우 킬로미터 당 평균 172.5그램의 이산화탄소를 배출하는 것으로 보았다. 물론 몸집이 큰 승용차는 1킬로미터를 달릴 때마다 300그램이 넘는 이산화탄소를 배출하지만 말이다. 주행거리도 운전자에 따라 상이하지만, 연평균 약 1만 5,000킬로미터 정도로 산정한다. 그렇게 볼 때 승용차 1대 당 연간 이산화탄소 방출량은 2.6톤으로, 난방을 통한 연간 방출량의 거의 두 배에 달한다.

여객기

여객 수송의 중요한 부분을 담당하는 여객기의 경우에도 배출량은 많은 특성들에 좌우된다. 거리도 중요하지만, 기종이 무엇인지,

여객기는 많은 유해물질을 배출하며, 유해물질의 다양한 작용으로 말미암아 온실효과에 영향을 미친다. 인간의 활동을 통해 유발되는 온실효과에서 여객기가 차지하는 몫은 현재 약 9퍼센트로 추정된다.

승객이 얼마나 탔는지에 따라서도 달라진다. 2008년 바이에른 주 연방청의 발표에 따르면, 대서양을 통과하는 뮌헨-뉴욕 왕복 노선은 승객 당 약 4.2톤의 이산화탄소를 발생시켜, 평균적인 가구가 도시가스 중앙난방으로 난방과 온수를 공급받을 때 발생하는 연간 이산화탄소 배출량과 맞먹는다.

화석 연료

난방, 교통 등과 같은 문명의 혜택을 누리는 데 필요한 에너지는 대부분 화석 연료를 통해 공급된다. 화석 연료를 연소하면 직접적으로 이산화탄소가 방출되는데, 에너지원마다 배출량이 각각 다르다. 응용생태학 연구기관(Öko-Institut)의 데이터에 따르면 천연가스를 연소시켜 약 1킬로와트시의 에너지를 얻는 데는 200그램의 이산화탄소가, 난방용 기름의 경우에는 1킬로와트시 당 약 267그램의 이산화탄소가, 석탄의 경우는 킬로와트시 당 약 336그램의 이산화탄소가 방출된다.

바이오매스는 다르다

전기, 난방, 화석 연료 등을 위한 에너지원으로서 바이오매스(나무, 나뭇잎, 짚, 생물 폐기물 등)를 어떻게 평가할 수 있을까? 바이오매스를 연소할 때는 화석 연료(석탄)를 연소할 때와 마찬가지로 이산화탄소가 발생하고, 석탄과 바이오매스 모두 광합성을 통해 공기 중의 이산화탄소를 흡수해서 생겨난다. 그러나 바이오매스와 석탄은 탄소 순환 주기에서 차이가 나므로 다르게 보아야 한다. 바이오매스의 순환 주기가 몇 달에서 몇 십 년인 반면, 화석 연료의 순환 주기는 몇 억 년에 달한다. 몇 십 년이라는 시간적 틀 속에서 바이오매스가 성장할 때 흡수한 이산화탄소를, 바이오매스의 이산화탄소 총계에 포함시키는 것은 의미가 있다. 반면 화석 연료는 다르다. 화석에너지의 매장량이 풍성해지려면 몇 천만 년의 세월이 필요하다.

따라서 바이오매스를 에너지로 활용하는 것은 식물이 성장할 때 대기에서 흡수한 이산화탄소를, 바이오매스를 연소시키면서 다시 방출시키는 것으로 볼 수 있다. 물론 이 경우에 바이오매스 수송을 위해 디젤이라는 화석에너지원을 활용할 때 생겨나는 이산화탄소의 양은 고려하지 않는다. 그렇지만 바이오매스 순환을 인정하고 바이오매스가 성장할 때 흡수했던 이산화탄소를 이산화탄소 총계 계산에 포함시키는 것은 정당해 보인다. 반면 화석에너지원은 연소 시에 명백히 대기 중의 이산화탄소를 증가시키는 주범으로 보아야 한다.

인간이 인체 내부에서 영양소를 연소할 때 나타나는 날숨에서 이산화탄소를 배출하는 것 역시 새로운 시각으로 볼 수 있다. 인간이 영양 섭취를 하면서 흡수하고, 호흡할 때 배출되는 전체의 탄소는 대기 중의 이산화탄소로 구성되며, 먹이사슬의 첫머리에 자리 잡는다. 인체가 생명을 유지하는 과정에서 배출하고 흡수하는 이산화탄소의 총계를 낸다면, 이산화탄소 방출량은 0이 될 것이다. 사람이 식료품의 제조와 유통에 많은 기계를 이용하지 않고, 단일재배와 같은 농업으로 인해 생태계를 회복 불가능하게 변질시키지 않았다면, 지금도 그랬을 것이다.

이산화탄소 배출량 비교

인간이 생명을 유지하는 행위 자체(그러나 대부분은 인간의 생활 방식)를 통해 이산화탄소가 대기 중으로 방출된다. 다양한 생활 방식을 비교할 수 있는 단순한 방법은 여러 국가의 이산화탄소 배출량을 비교하는 것이다. 이런 비교에는 각 나라 사람들의 생활 방식뿐 아니라, 나라별 다른 특성도 영향을 미친다. 가령 석유가 매장되어 있는지, 수력 발전이 가능한지, 농경지가 많은지, 겨울은 추운지, 핵발전소가 있는지, 산업구조가 에너지 집약적인지, 경제의 수출의존도가 높은지와 같은 지리적 특성과 정치 경제적 특성 말이다. 이 모든 것이 한 국가의 이산화탄소 배출량을 좌우한다.

연간 1인 당 이산화탄소 배출량 비교를 보면 각국의 에너지와 관련한 배출량이 어떤지를 알 수 있다. 국제에너지기구(IEA)에 따르

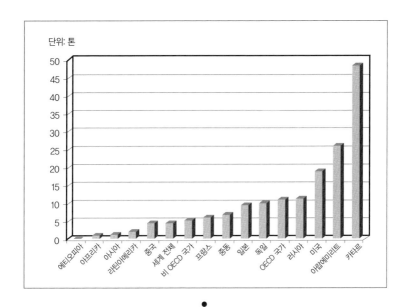

단위: 톤

1인 당 연간 이산화탄소 배출량 (IEA 2008)

면 에너지와 관련한 이산화탄소 배출량은 한 사람 당 연간 약 4.2톤이다(IEA 2008). OECD 국가들에서는 1인 당 연간 평균 배출량이 약 11톤이고, 아프리카 국가들에서는 0.9톤이다. OECD 국가들의 생활 방식이 아프리카 국가들에 비해 대기에 10배나 높은 부담을 안긴다는 의미다. 국가 간 비교 결과 1인 당 연간 이산화탄소 배출량은 70 킬로그램(에티오피아)에서 최대 50톤(카타르)까지 차이를 보이는 것으로 나타났다. 산업국가들 간에도 상당한 차이가 난다. 독일(10톤)과 프랑스(6톤 정도)가 커다란 차이를 보이는 이유는, 프랑스는 주로 원자력발전을 통해 전력을 생산하기 때문이다. 원자력발전은 이산화탄소는 거의 배출시키지 않지만, 해결해야 할 다른 문제가 많다.

이산화탄소를 얼마큼 배출하는 것이 환경 친화적인가?

현재 에너지를 얻기 위해 쓰이는 화석에너지원과 시멘트 산업을 통해 연간 약 6.4기가톤의 탄소가 대기 중으로 배출된다(IPCC 2007). 개간과 경작지 변경을 통해 발생하는 1.6기가톤을 합치면 인간은 연간 약 8기가톤의 불필요한 탄소를 배출하고 있다[5]. 이 중 2.6톤 정도가 탄소를 함유한 유기 토양에 오랫동안 저장되고, 소량만이 이산화탄소 저장소로 옮겨진다. 이러한 불균형은 매년 약 5기가톤에 달한다. 이것은 해마다 대기와 대양이 이 어마어마한 양의 이산화탄소를 추가적으로 받아들여야 한다는 것을 의미한다.

여기서 우리가 또렷이 알 수 있는 것은 현대의 생활양식이 이산화탄소 배출에 결정적인 영향을 끼친다는 점이다. 어떤 식의 생활양식도 이산화탄소 배출에 영향을 끼칠 가능성이 있는 한, 그 생활양식이 올바른 것인지에 대한 문제에서 자유로울 수 없다. 어느 정도 배출해야 용인할 수 있는 수준이고, 어느 정도가 무책임한 수준일까? 이 기준은 매년 자연이 대기 중에서 받아들여 장기적으로 저장하는 이산화탄소의 양이 얼마나 되느냐에 따라 달라질 것이다. 인류가 자연이 저장할 수 있을 만큼만 이산화탄소를 배출하면 전체적인 총계는 균형을 이룰 것이다.

얼핏 가장 중요한 이산화탄소 '흡수자'들은 방대한 대양에 있을 것 같지만, 사실은 육지에 있다. 바로 나무들이다. 나무 한 그루는 생

---

5. 이것은 이산화탄소 약 29기가톤에 해당한다. 이산화탄소에서 탄소가 차지하는 비율은 약 27.3퍼센트며, 나머지는 산소다.

0.01제곱미터의 너도밤나무 숲은 1년에 약 11톤의 이산화탄소를 흡수한다. 에너지와 관련해 독일 인구 1인 당의 연간 이산화탄소 배출량(10톤)과 맞먹는 양이다.

애 동안 얼마나 많은 이산화탄소를 흡수할까? 나무와 줄기와 잎에 있는 탄소 원자 하나 하나는 대기 중의 이산화탄소로부터 생겨난 것이다. 나무 한 그루의 무게가 얼마나 되는지를 알면 그 나무가 이산화탄소를 얼마나 흡수하는지를 추정할 수 있다. 살아 있는 나무는 물 반, 건조한 목재 반으로 이루어져 있고, 목재는 대부분이 셀룰로

오스($C_6H_{10}O_5$)로 구성된다. 그중에서 탄소가 차지하는 부분은 수분을 뺀 목재의 약 44퍼센트다(Kaltschmitt 2001). 즉 나무 1킬로그램에는 약 0.22킬로그램의 탄소가 포함되어 있다. 살아 있는 나무 1킬로그램은 대기 중의 이산화탄소 0.8그램을 흡수하고 신선한 산소 약 0.6그램을 생산한다.

중요한 것은 나무가 얼마나 빨리 자라느냐다. 자라는 속도는 나무의 종류와 나이뿐 아니라 미네랄, 물, 햇빛 등 여러 요소에 좌우된다. 일반적으로 학자들은 약 100년 된 너도밤나무 숲 0.01제곱미터는 12~16세제곱미터의 '데르프홀츠(derbholz)'를 생산한다고 본다. 데르프홀츠는 지름이 7센티미터 이상 되는 목재를 말한다. 대략 1년에 10톤 정도의 목재가 생성된다. 숲 0.01제곱미터에는 약 200그루의 나무가 있으므로, 너도밤나무 한 그루 당 1년에 약 50킬로그램의 데르프홀츠가 생성된다고 할 수 있다. 나무는 뿌리와 부식토의 형태로 지하에 약 20킬로그램의 바이오매스도 저장한다. 즉 너도밤나무는 1년에 대기로부터 약 56킬로그램의 이산화탄소를 받아들이고, 그중 약 40킬로그램은 목재에 저장하는 것이다. 목재가 어떻게 사용되느냐에 따라 이산화탄소의 저장 기간은 길어질 수도, 짧아질 수도 있다. 나머지는 장기적으로 땅에 저장되지만, 세월이 흐르면서 땅에서도 이산화탄소가 다시금 부분적으로 방출된다.

위의 데이터로 계산하면 0.01제곱킬로미터의 너도밤나무 숲은 1년에 약 11톤의 이산화탄소를 흡수한다는 결론이 나온다. 이 양은 독일에서 에너지를 얻기 위해 한 사람이 배출하는 연간 이산화탄소 양과 거의 일치한다. 따라서 이를 상쇄하려면 독일에 있는 숲 면적이 약 82만 제곱킬로미터는 되어야 할 것이다. 그러나 숲은 고사하고 독일 전체의 면적을 다 합쳐도 35만 7,000제곱킬로미터밖에 되지 않는다.

이것으로 우리는 이미 너무나 많은 이산화탄소를 대기 중으로 방출하고 있음을 알 수 있다. 어떻게 하면 배출량을 줄일 수 있을까? 이를 위해 많은 전략이 논의되고 있으며, 그중 몇 가지는 이 책에서도 소개할 것이다. 하지만 무엇보다 중요한 것은 일상에서 에너지를 활용하는 것이 이산화탄소 방출과 직결된다는 것을 알고 책임의식을 갖는 것이다. 우리가 구입하는 거의 모든 상품과 우리가 이용하는 거의 모든 서비스는 언제 어느 곳에서든 이산화탄소를 만들어낸다. 여러 분야에서 지속 가능한 상품을 선택하는 것도 이산화탄소 배출을 줄이는 하나의 방법일 수 있다. 예를 들면 수력발전소 또는 다른 재생 가능한 에너지원으로 만든 '친환경 전기'를 쓰거나, 여행을 할 때도 비행기 대신 기차를 이용하고, 슈퍼마켓에서는 지역 농산물을 구입하는 것이다. 이런 이성적인 선택과 소비를 줄이는 것 역시 이산화탄소 배출을 줄이는 데 기여하는 행동이다.

우리의 행동이 세계적으로 이산화탄소 배출에 미치는 영향은 때로는 분명하다. 그러나 많은 경우는 아주 복잡하고 광범위해서 조망하기가 쉽지 않다. 가령 팜유를 에너지원으로 활용하는 것은 아주 친환경적으로 보인다. 팜유는 바이오매스 연료이다. 하지만 팜유를 경작하기 위해 원시림을 경작지로 개간할 때 얼마나 많은 이산화탄소가 방출되는지를 감안하면, 팜유가 보통의 디젤 연료보다 오히려 더 많은 이산화탄소를 배출시킬 수도 있다. 많은 것은 보고 또 볼 때 비로소 드러난다. 물론 시간을 가지고 정확히 볼 때에만 말이다.

프랑크 그륀베르크

기술 속의 이산화탄소

이산화탄소는 기술적으로 굉장히 다양하게 활용되며, 그 방법은 속속 개발되고 있다. 이산화탄소는 액체, 고체, 기체 형태로 여러 산업에서 간과할 수 없는 기술적 수단으로 발돋움하고 있다. 예전에는 이산화탄소를 자연에서 얻었지만, 오늘날에는 재활용된다. 학술저널리스트 프랑크 그륀베르크는 이산화탄소를 얼마나 다양하게 활용할 수 있는지를 서술한다. 온실가스의 주범으로 욕을 먹는 이산화탄소를 기술적으로 활용하면 기후변화에도 대응할 수 있을 것이다.

"온실효과요? 네, 좋습니다!" 네덜란드의 웨스트랜드 주민들은 대다수가 이렇게 말할 것이다. 이유는 아주 간단하다. 그들은 온실효과 덕분에 먹고 살기 때문이다.

로테르담과 헤이그 사이에 있는 웨스트랜드는 세계 원예사업의 메카로, 대규모 온실 원예농업이 이루어지는 지역이다. 축구장 크기만 한 유리 온실에서 각종 채소와 관상용 식물이 재배된다. 농부들은 아무 것도 우연에 맡겨 두지 않는다. 물을 주고, 비료를 주는 것 등 작업 하나 하나가 산업적으로 입증된 방법으로 이루어진다. 한 예로, 한여름에도 가스난로를 틀 때가 많다. 이는 온실을 난방하려는 것이 아니라 난로에서 나오는 연도 가스에 함유된 이산화탄소를 식물에게 공급하기 위해서다. 이산화탄소 없이는 광합성이 이루어지지 않고, 광합성을 하지 못하면 식물은 성장하지 않기 때문이다. 광합성 과정에서 식물은 햇빛, 물, 이산화탄소의 도움으로 당분자를 만들어 내고, 이런 당분자들이 모여 식물의 섬유를 이룬다.

농부들은 이렇게 화석 연료를 연소시켜 이산화탄소를 만들어 냈지만, 또 다른 곳에서는 이산화탄소가 폐기물로서 대기 중에 배출되어 기온 상승을 유발하는 것을 생각한다면, 가스난로를 통해 이산화탄소를 비료로 주는 것은 순전한 낭비였다. 게다가 가스난로에 들어가는 가스 값마저 상승하자 가스난로 방법은 경제적으로도 문제가 많아졌다. 하지만 이런 상황은 몇 십 년 동안 별 다른 대안 없이 방치되었다.

축복받은 온실효과

이런 상황이 변하기 시작한 것은 다국적 에너지 기업인 쉘(Shell) 사가 1997년에 유럽 최대의 정유 공장을 운영하면서부터다. 그 이후로 로테르담 서쪽에서는 하루 40만 배럴의 원유가 가솔린과 난방유, 다른 화학적 물질로 정제되고 있다. 작업은 세 단계로 진행된다. 우선은 원유를 가열해 증발되는 물질을 증류한다. 그 뒤 남는 무거운 탄화수소를 더 가벼운 산물들로 분해하고, 마지막으로 유황처럼 질을 저하시키는 성분들을 제거한다. 이산화탄소를 얻기에는 두 번째 공정이 적합하다. 무거운 탄화수소 분자들이 분해되면서 거의 100퍼센트에 가까운 순수한 이산화탄소가 생기기 때문이다.

처음에, 도시 서쪽에 위치한 쉘 사는 북쪽의 온실업자들이 그렇게 간절히 필요로 하는 이 순수한 이산화탄소를 그냥 공기 중으로 날려 보낼 수밖에 없었다. 이산화탄소를 화물차로 수송하거나, 특별한 파이프라인을 새로 놓거나 하는 데는 경제적으로 비용이 많이 들

●
파이프라인에서 나오는 이산화탄소 비료. 이산화탄소를 살포하면 식물이 더 잘 자란다. OCAP 프로젝트가
실행되는 네덜란드 온실에서는 산업 시설에서 나온 배기가스를 활용해 식물 성장을 촉진한다.

어가 생각조차 할 수 없었기 때문이다. 그러나 행복하게도 우연 하
나가 수송의 어려움을 해결했다. 웨스트랜드의 온실하우스를 지나
가는 파이프라인 하나가 있었던 것이다. 1960년대 로테르담 항구
에서 암스테르담까지 기름을 운반하는 데 사용했던 파이프라인으
로, 1980년대 이후부터는 사용하지 않았다. 로테르담에서 끝나는
파이프라인을 정유 공장까지 몇 킬로미터만 이어 주면 되었다. 이
렇게 OCAP 프로젝트, 즉 이산화탄소 생산자와 소비자를 직접 연
결시키는 프로젝트가 태동했다. 2005년 가을, 첫 파이프라인이 연
결되었고, 지금은 퇴위한 네덜란드의 여왕 베아트릭스가 개통식에
참석했다.

오해가 없도록 밝혀두자면, OCAP 프로젝트는 기후변화 문제에

는 아직 그다지 도움이 되지 않는다. 파이프라인을 최대로 활용하면 대기 중으로 방출되는 이산화탄소의 양을 연간 약 17만 톤 줄일 수 있기는 하다. 그러나 이 수치는 네덜란드가 방출하는 이산화탄소의 1,000분의 1 수준밖에 되지 않는다.

하지만 OCAP는 이산화탄소가 중요한 산업적, 기술적 수단이 될 수 있음을 입증해주는 인상적인 예임에는 틀림없다. 또한, 산업 폐기물을 가치 있는 원료로 바꿔 대규모로 산업에 활용하고, 나아가서는 새로운 활용 영역을 개발한다는 재활용 산업의 핵심 원칙이 이산화탄소 공급에도 적용된다는 것을 보여 준다. 이산화탄소는 이미 현대 사회에서 빼놓을 수 없는 기술적 수단으로 자리매김했다. 위에서 살펴본 것처럼 비료로 사용될 뿐 아니라, 기계를 세척하고, 불을 끄고, 음식을 보관하고, 정련하는 데도 이산화탄소가 쓰인다. 차례차례 살펴보자.

소비자에게 한걸음 더 가까이

1950년대 중반까지만 해도 수송 문제로 인해 이산화탄소를 상업적으로 활용하는 것은 거의 불가능했다. 하지만 이산화탄소를 액체 상태로 압축해 금속 병에 담아 수송할 수 있게 되면서 사정은 변했다. 전문가들의 추정치에 따르면 오늘날 독일에서는 연간 75만 톤에서 100만 톤 사이의 이산화탄소가 기술적인 목적으로 판매되고 있다. 비교를 위해 언급하자면, 플렌스부르크와 베르히테스가덴 사이의 커다란 발전소에서 생산되는 이산화탄소만 해도 이런 판매량의 500배에 달한다.

그러나 석탄발전소나 천연가스발전소의 굴뚝에서 나오는 이산화탄소는 기술적으로 활용하기에 적합하지 않다. 발전소의 연도 가스는 그을음 입자가 많고 이산화탄소 농도도 매우 낮기 때문이다. 한편 자연에서 나오는 이산화탄소는 산업적 필요량을 채우기에는 역부족이다. 슈바르츠발트의 원천이 고갈된 후, 독일에서 이산화탄소를 직접 채굴할 수 있는 장소는 단 두 곳뿐이다. 이산화탄소가 물에 용해되어 표면으로 분출되는 아이펠 산의 암반층과 구멍이 뚫린 바닥으로부터 이산화탄소가 가스 형태로 올라오는 노르트라인베스트팔렌 주의 바트 드리부르크가 그곳이다. 양조장에서 술을 만들 때 나오는 이산화탄소는 양이 적어, 음료에 가미하는 정도로만 사용될 따름이다.

충분한 양의 순수한 이산화탄소는 대규모 화학 과정에서만 생성된다. 가령 질소 비료를 만들기 위한 전단계로 암모니아를 합성할 때, 부동액, 세제, 화장품의 원료인 에틸렌을 제조할 때, 천연 원료에서 얻어지는 연료인 바이오에탄올을 제조할 때, 또는 로테르담에서처럼 정유 공장에서 가솔린을 제조할 때 등이 그렇다. 몇몇 화학 회사는 산업 부산물로 나오는 이산화탄소를 포집해 린데(Linde), 에어 리퀴드(Air Liquide), 카보(Carbo), 또는 티치카(Tyczka) 같은 기업에 판매하고, 이 기업들은 이산화탄소를 정제해 고객에게 판매하고 있다.

이산화탄소를 판매하는 회사들은 언제나 이산화탄소가 포집되는 곳과 소비자의 거리를 가능하면 가까이 연결시키고자 노력한다. 전체 가격에서 수송비가 많은 부분을 차지하기 때문이다. 1톤의 이산화탄소를 제조하는 데 40~50유로가 들어가는 반면, 운송하는 데는 킬로미터 당 0.15유로가 들어간다. 그래서 300킬로미터만 운송해도 제조 단가는 두 배로 뛴다.

가격이 문제가 되지 않을 때도 있다. 이산화탄소는 틈새시장을 공략할 수 있는 기술계의 팔방미인으로 부상해 다양하게 활용될 수 있기 때문이다. 그 이유는 첫째, 이산화탄소가 물처럼 고체, 액체, 기체뿐 아니라 '초임계' 상태로도 존재할 수 있기 때문이다. 초임계 상태란, 기체의 밀도와 액체의 밀도가 같아져 두 상태의 구분이 없어지는 상태를 말한다. 두 번째로는 이산화탄소가 화학적 특성 상 이네 가지 상태를 넘나들 수 있기 때문이다. 다음 페이지의 이산화탄소 상태변화표를 참고하자.

기체 이산화탄소

이산화탄소는 탄소 원자 하나와 산소 원자 둘이 결합한 분자다. 이산화탄소는 산소가 충분한 상태에서 탄소를 함유한 물질이 연소할 때 생성된다. 일반적인 조건인 섭씨 25도의 온도에 1바의 대기압(이 수치는 지구의 대기가 해발고도 0미터에 있는 인간에게 행사하는 압력에 해당)에서 이산화탄소는 무색무취의 기체로 존재하며 인간에게 어느 정도 선까지는 무해하다. 그래서 산업에 활용되는 다른 기체들과 달리 이산화탄소는 활용하는 데 별다른 안전조치를 취하지 않아도 된다. 이산화탄소가 산업적으로 아주 매력적인 기체인 이유다.

탄산음료

고대 로마인들도 이산화탄소가 들어가 톡 쏘는 게르마늄천의 물

이산화탄소의 상태 변화

'상태변화표'는 이산화탄소가 압력과 온도에 따라 어떤 상태로 존재하는지를 보여 준다. 여기서 가장 중요한 법칙은 다음과 같다.

– 일반적인 압력(1바)에서 이산화탄소는 기체로만 존재한다.
– 영하 78도 이하 온도에서 이산화탄소는 고체로만 존재한다.
– 3중점(5.2바/섭씨 −56.6도) 이하에서는 고체가 기체로 되거나(승화), 기체가 고체로 될 수 있다(응고).
– 임계점(74바/ 섭씨 31도) 위로는 액체의 밀도와 기체의 밀도에 차이가 없다. 이런 상태를 '초임계'라 칭한다.
– 3중점과 임계점 사이의 곡선을 따라 액체가 기체로 넘어가거나(기화), 반대로 된다(액화).
– 3중점에서 출발하는 윗선을 따라서 액체가 고체로 넘어가거나(응고), 반대로 된다(융해).

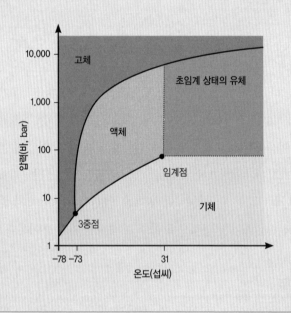

을 귀하게 여겨, 그 물을 단지에 밀봉해 로마까지 운반해오기도 했다. 중세에는 미네랄워터의 치유 효과가 알려지면서 목욕 요법과 음용 요법에 활용되었고, 19세기 중반까지는 톡 쏘는 미네랄워터 한 병이 샴페인 한 병 값에 맞먹을 정도로 비싸서 기껏해야 부자들이나 먹을 수 있는 음료였다.

오늘날 음료 업체는 많은 제품에 이산화탄소를 가미한다. 이들은 이산화탄소의 주 수요자로서 식료품에 사용되는 이산화탄소가 얼마나 깨끗해야 하는지에 관한 기준도 만들었다. 식료품에 들어가는 이산화탄소는 순도 99.5퍼센트여야 한다. 1,000개의 기체 입자 중에 이산화탄소 분자 구조를 벗어나는 입자가 최대 5개 정도밖에 되지 않아야 한다는 이야기다. 건강에 해롭거나(일산화탄소) 맛을 해칠 수 있는(탄화수소) 오염의 기준치도 정해져 있다.

일상에서는 동의어로 쓰이는 경우가 많지만, 엄밀히 말해 탄산은 화학적으로 이산화탄소와 같지 않다. 탄산(H_2CO_3)은 이산화탄소(CO_2)를 물(H_2O)에 용해시킬 때 생긴다. 용해 농도에 따라 음료의 톡 쏘는 맛도 달라진다. 그래서 이산화탄소는 취향의 문제, 입맛의 문제가 된다.

보관

음료와 관련된 이산화탄소뿐 아니라, 슈퍼마켓에서도 이산화탄소는 시종일관 소비자를 따라다닌다. 치즈, 육류, 소시지처럼 부패하기 쉬운 식료품 진열대에서는 특히 그렇다. 이런 식품들은 은박지나 비닐로 포장되고, 포장의 핵심은 이산화탄소와 질소로 이루어진 기체로 식품을 감싸는 것이다. 화학적으로 공격적인 산소와 접촉해

산화되고 부패하는 것을 막기 위해서다. 이산화탄소는 이런 용도로 아주 적합하다. 어느 정도까지는 인간에게 무해할뿐더러, 화학적으로도 안정적(불활성)이기 때문이다. 이산화탄소는 섭씨 1,700도 이상이 되어야 비로소 구성 성분으로 분해된다.

중화(해독)

설거지나 샤워 할 때 쓰는 물 등, 생활하수는 화학적으로 균형을 벗어난 물이다. 건강한 중성수는 알칼리성과 산성 오염이 균형을 이루는 반면, 비누, 세제 같은 것들은 알칼리성 농도가 높아서 많은 생물의 눈과 점막을 자극한다. 이런 물을 다시 중화시키려면 탄산 같은 산성 성분이 필요하다. 이 방법은 환경위생 부문에서 대규모로 활용될 수 있다. 이를테면 라우지츠에서 집중적으로 갈탄이 채굴되면서, 재와 탄산염과 철로 범벅된 흙이 엄청나게 매장된 호수가 생겼다. 프라이베르크 광산대학의 연구자들은 장기적으로 이산화탄소를 이용해 이 퇴적물을 중화시킬 수 있음을 입증했다. 이 방법을 대규모로 실행에 옮길 것인지는 아직 확정되지 않았다. 하지만 그렇게 될 경우, 40만 톤의 이산화탄소가 필요할 것이다. 이것은 현재 독일의 산업용 이산화탄소 연간 판매량의 40퍼센트에 육박하는 양이다. 과거의 죄를 무마하려면 이토록 많은 물질이 필요한 것이다.

소화

2003년 여름, 빌레펠트 쓰레기 소각 시설 운영자들은 커다란 난관에 봉착했다. 베스트팔렌 주 대도시의 약 2만 5,000가구의 열 공급을 담당하는 이 시설의 쓰레기 벙커 내부에서 화재가 발생했는데, 도저히 소방대원들이 물로는 진화할 수 없을 정도다. 물로는 위쪽에 있는 쓰레기 층만을 적실 계획으로, 벙커 내부에 물을 들이붓는 방법은 고려 대상에서 제외되었다. 왜냐하면 벙커 벽이 추가적인 물 무게를 견딜 수 없을 것이라고 보았기 때문이다. 이때 구원투수로 나선 것이 1,300톤의 이산화탄소(가스)였다. 시설 내부로 이산화탄소가 뿜어졌다. 이산화탄소는 물보다 가벼워서 벙커의 안정성에 문제가 되지 않을뿐더러, 공기보다 무거워서 쓰레기 산 내부로부터 나오는 공기를 안쪽으로 누를 수 있었던 것이다. 불은 하루하고도 한나절 만에 진화되었다.

채굴

석유 채굴에는 시간과 돈이 많이 소요된다. 재래적인 채굴 방법으로는 매장된 석유의 아주 적은 양만을 퍼 올릴 수 있다. 가스 기술을 동원하지 않으면 북해에서는 매장량의 절반도, 사우디아라비아에서는 매장량의 4분의 1도 채굴하지 못할 것이라는 것이 전문가들의 견해다. 채굴 시간이 길어질수록 유전의 수명을 단축시키는 두 가지 문제가 발생하기 때문이다. 첫째는 석유를 채굴해 매장된 석유 양이 적어질수록 석유를 지표면으로 솟아나오게 하는 압력이 감소하는 것이고, 두 번째로는 석유의 유동성이 감소하는 것이다. 시간이 흐르면서 유동성을 촉진시키는 성분들이 석유에서 날아가 버리기 때문이다.

그래서 채굴 회사들은 채굴하는 동안에 지하의 압력과 석유의 점성을 같은 상태로 유지시키는 방법을 강구하고 있는데, 그중 특히 환경 친화적인 방법은 유전으로 이산화탄소를 주입하는 것이다. 미국의 유전에서는 이런 방법이 이미 대규모로 시행되고 있다. 천연가스발전소나 석탄발전소 같은 이산화탄소 공급지와 대규모 유전이 약 5,600킬로미터의 파이프라인으로 연결되어 있다. 노스다코타 주의 윌링턴 유전에서는 이산화탄소로 인해 겨우 채산성을 맞추고 있다. 전문가들은 이산화탄소가 아니라면 이곳에 매장된 130억 배럴의 석유 중에서 40억 배럴만이 채굴될 수 있을 것으로 본다. 미시시피 강을 따라서 난 파이프라인을 통해 대량의 이산화탄소가 멕시코 만과 그곳의 유전으로 흘러들어가게 될 것이다.

세계 최대의 프로젝트는 아시아의 두바이에서 계획 중이다. 두바이 해변의 파테 유전에서는 하루 약 1만 3,000톤의 이산화탄소가 주입됨으로써 채굴량이 더 많아질 전망이다. 그에 필요한 파이프라인은 2013년까지 완공되어 활용에 들어갈 계획이다. 하지만 이와 관련해 잊지 말아야 할 것은 이런 목적을 위한 이산화탄소가 별도로 생산되는 것이 아니라, 발전소의 폐기물을 재활용하는 것이라 해도, 석유 채굴이 기후에 더 좋은 영향을 끼치기는커녕 악영향을 끼친다는 사실이다. 석유를 추가적으로 채굴하려면 거대한 양의 이산화탄소가 정제되고, 수송되고, 높은 압력으로 지하에 주입되어야 하는데, 거기에 필요한 에너지는 다시금 석탄이나 천연가스 같은 화석 연료를 연소시켜서 얻어지기 때문이다.

용접

다리나 차량이나 기계 등에 필요한 금속 부품을 튼튼하게 결합시키고자 할 때는 용접 기술을 지나칠 수 없다. 용접 전극과 금속 사이의 전압을 통해 발생하는 아크열로 금속 부품들을 단시간 가열하고 녹인 다음, 식히는 것이다. 이 과정에서 이산화탄소는 특별한 보호 기능을 수행한다. 아크열을 이산화탄소 외투로 감싸면 산소나 수소, 질소 같은 대기 중의 가스가 녹아든 금속과 접촉해 녹이 슬어 용접 이음매가 망가지지 않기 때문이다. 그 밖에도 이산화탄소 외투는 공기보다 무거워 녹은 금속이 식을 때까지 용접 이음매 위에 남아 대기 가스가 용접 이음매에 해를 끼치지 않도록 해준다.

고체 이산화탄소

온도가 섭씨 영하 78도 아래로 내려가면 이산화탄소는 압력과 상관없이 고체 상태로만 존재한다. 고체 이산화탄소는 드라이아이스라고도 불리며, 눈, 조개탄, 원반, 펠릿 형태로 판매된다. 드라이아이스는 액체 이산화탄소를 작은 구멍을 통해 분사해서 얻어진다. 분사된 양의 절반은 증발하고, 남은 절반은 눈 결정으로 떨어지는데

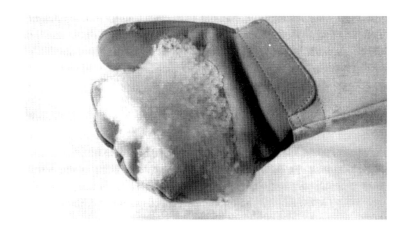

드라이아이스

이를 고체 형태로 뭉친 것이 드라이아이스, 즉 고체 이산화탄소다. 무대 기술자들은 드라이아이스 덕분에 음악가들과 배우들이 무대에 섰을 때 안개 같은 흰 연기를 피울 수 있다. 이 효과는 드라이아이스가 따뜻한 외부 공기와 만나면 기체로 승화되고 그 과정에서 주변 공기가 냉각되어 공기 속에 함유된 습기가 안개처럼 내리는 것에서 착안한 것이다. 그러나 드라이아이스는 이 외에 더 중요한 곳에서도 사용된다.

냉동

대부분의 드라이아이스는 작고, 독립된 용기 안에서 용기 내부의 온도를 순식간에 응고점(빙점) 이하로 낮추는 데 사용된다. 그러면 수분이 함유된 식료품이 갑자기 얼어 급속 냉동된다. 여객기에서처럼 냉동고를 사용하는 것이 낭비라고 여겨지는 경우에 이런 냉각 방법이 활용된다.

분쇄

플라스틱이나 금속은 수분을 함유하지 않아 얼지는 않지만, 낮은 온도에서 깨지기 쉽고 탄력성도 잃는다. 재활용 산업에서는 이런 특성을 이용해 폐전자부품의 재활용 물질들을 말끔하게 분리해 낸다. 백금을 드라이아이스로 얼려 분쇄한 다음, 자석과 체와 원심분리기를 이용해 분리해서 재활용하는 것이 그 예다.

분사

산업에 활용되는 기계를 세정할 때, 세제 선택에서 딜레마에 빠지는 경우가 있다. 액체 세제는 환경에 해로운 용매를 함유하고, 모래를 분사해 세척하는 것은 표면이 손상될 우려가 있기 때문이다. 이때 드라이아이스 펠릿이 도움을 준다. 드라이아이스 펠릿을 음속의 속도로 분사해, 세척하고자 하는 기계의 표면과 충돌시켜 세척 효과를 내는 것이다. 먼저 충돌하면서 오염 물질을 두들기고, 두 번째로 갑자기 주변을 냉각시켜 표면과 오염 입자 사이에 열적 차이를 불러일으켜서 오염 물질이 기계에서 떨어지게 한다. 끝으로 기름과 지방을 녹인다. 이산화탄소의 이점은, 세제 찌꺼기와 달리 원치 않는 2차 오염을 유발하지 않으며, 작업이 끝난 후에는 대기 중으로 날아가 버린다는 것이다. 전문가들은 자동차 산업, 철강 산업, 인쇄업 등에서 로봇을 활용해 이런 기술을 발전시키고자 한다. 일반 세정 기계와 달리 압력, 온도, 이산화탄소 공급 같은 변수들이 자동화 과정을 통해 목적에 맞게 조절되어야 하기 때문이다.

정제

이산화탄소는 '약간 더 건강한' 담배, 커피에도 기여한다. 이산화탄소가 없었다면, 정확히 말해 이산화탄소의 초임계 상태가 없었다면 라이트 담배도, 디카페인 커피도 없었을 것이다. 초임계 상태라고 하는 것은 압력 74바 이상, 온도 섭씨 31도 이상에서 찾아오는 상태로, 액체 상태의 밀도와 기체 상태의 밀도에 차이가 없어지는 것이다. 이 단계에서 분자는 특별한 화학적 용해 특성을 지니게 되어, 잎이나 향신료로부터 특정 성분을 추출하거나 원치 않는 냄새를 제거할 수 있다. 초임계 상태 이산화탄소의 도움으로 담배에서 니코틴을 95퍼센트까지 제거할 수 있으며, 커피와 차의 경우도 카페인을 비슷한 정도로 없앨 수 있다. 이 같은 고압 추출법의 이점은 추출물에 용매나 다른 잔류물이 남지 않는다는 것이다. 1950년대만 해도 커피에 용매를 사용해 디카페인 커피를 만들었는데, 그 용매가 카페인 자체보다 더 유독했다.

액체 이산화탄소

초임계 상태와 마찬가지로 이산화탄소의 액체 상태는 높은 압력을 견딜 수 있는 특별한 용기 속에서만 제조가 가능하다. 제조는 어려우나 액체 이산화탄소는 아주 유용하다. 액체 상태의 이산화탄소를 이용해 빨래도 할 수 있다. 액체 이산화탄소는 무극성 분자들로 이루어진 밀도 높은 매질이므로, 무극성의 기름과 지방을 용해시킬 수 있기 때문이다. 생물학적으로 분해 가능한 첨가제를 섞으면 다른 오염 물질까지도 제거할 수 있다.

세탁

린데 사는 2007년 '프레드 버틀러(Fred Butler)'라는 브랜드로 액체 이산화탄소를 활용한 세탁기를 출시했다. 세탁 과정은 다음과 같이 이루어진다. 오염된 빨래를 밀폐된 세탁기 안에 넣고 공기를 빼내어 진공 상태로 만든 다음, 가스 상태의 이산화탄소를 들여보내 압력이 40~50바, 온도가 섭씨 5~15도에 달하게끔 한다. 그런 다음 세탁실에 부분적으로 액체 이산화탄소를 채워, 회전하는 드럼 안에서 이산화탄소가 오염 물질에 스며들어 때가 빠지게끔 한다. 세탁 과정의 마지막에 이산화탄소를 증류시켜 오염을 분리하고, 기체 이

이산화탄소를 활용한 세탁기

산화탄소를 액화시키는 동시에 액체 이산화탄소를 저장 탱크로 다시 퍼낸다. 세탁실의 압력이 충분히 낮아지면 세탁기의 문을 열 수 있다. 세탁된 빨랫감은 완전히 건조된다. 린데 사에 따르면 이런 세탁법은 세제를 사용하지 않기 때문에 전통적인 방법보다 환경 친화적일 뿐 아니라, 액체 이산화탄소의 온도를 몇 도만 높여 주기만 하면 되므로 에너지도 별로 들지 않는다. 세탁 과정에서 투입된 이산화탄소의 약 2퍼센트만이 주변으로 빠져나가고, 나머지는 계속적으로 세탁에 활용할 수 있다.

기후 파괴자로 기후변화에 대응?

이산화탄소는 환경 친화성이 뛰어나 앞으로 여러 산업에 활용될 전

망이다. 특히 화학 기업들과 자동차 기업들은 기후변화에 대응하고
자 이산화탄소를 투입하기로 결정했다. 언뜻 모순적으로 들릴지 모
르겠지만, 자세히 보면 타당하다. 이산화탄소는 산업에 쓰이는 다
른 기체들과 비교할 때 여러 가지 면에서 환경 친화적이며 별다른
해를 야기하지 않기 때문이다.

전문가들은 대기 중의 기체가 기온 상승에 미치는 영향을 이산화
탄소 등가물(CO_2e)로 측정하고 있다. 이산화탄소 분자만큼 지구 온도
를 데우는 분자는 이산화탄소 등가물(CO_2e) 1에 해당하며, 이산화탄
소의 두 배로 기온 상승을 촉진하는 분자는 이산화탄소 등가물 2에
해당하는 식이다.

많은 산업용 기체는 이산화탄소보다 몇 배는 더 위험하다. 삼불화
질소(NF3)는 이산화탄소 등가물이 1만 1,000에 달하며, 육불화황
(SF6)은 이산화탄소 등가물이 2만 2,000이다. 또한 프레온 가스라
고 불리며 냉장고에 대량으로 활용되었던 염화불화탄소(CFC)는 오
래전부터 위험한 온실가스로 알려져 있다. 이 기체의 경우 냉매일
때는 이산화탄소 등가물이 4,700이고, 단열재 용도로 쓰일 때는 심
지어 1만 700에 이른다. 유럽연합에서는 2010년부터 염화불화탄소
의 사용을 금하고 있다.

산업계도 그에 부응해 바스프(BASF) 사는 이미 여러 해 전에 프
레온 가스 대신 이산화탄소를 발포제로 활용하는 방법을 발견했다.
독일의 자동차 기업들도 오랜 논의 끝에 2007년 9월 자동차 에어컨
에 프레온 가스를 사용하지 않고 '에어컨으로 말미암은 직접적인 온
실효과를 지금까지 사용되던 기술의 1000분의 1 이상으로 줄일 수
있는' 냉매로 전환할 것을 합의했다. 전문가들은 그런 냉매를 R744

라고 부르는데, 일반인들 사이에서는 이산화탄소로 더 잘 알려져 있다.

하지만 가장 최신형 에어컨이라 할지라도 기후에 부담을 주는 건 사실이다. 에어컨을 작동시키려면 추가적으로 가솔린이 연소되어야 하기 때문이다. 자동차 운행도 마찬가지다. 자전거를 타고 다니는 사람은 이동을 위한 연료를 절약할 뿐 아니라, 에어컨도 틀지 않으므로 에너지 절약에 더욱 도움이 되는 셈이다.

2장

이산화탄소의
역사

이산화탄소는 대기 중에서 말없이 쌓여 가는 죽은 충전재가 아니라, 생명의 능동적인 부분이다. 역사를 들여다보면 언제나 대기 중 이산화탄소의 농도 변화가 생물권에 영향을 미쳐 왔다는 것을 알 수 있다. 2장의 글들은 서로 다른 시간 척도와 보완적인 시각으로 이산화탄소와 관련한 자연의 역사와 인간의 역사를 그려 보인다.

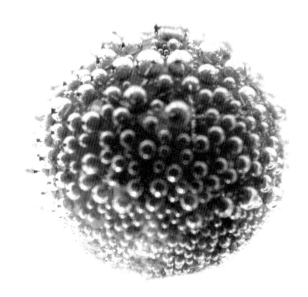

이산화탄소가 생명의 영약인 이유

하르트무트 자이프리트는 다음 대화에서 우리를 특별한 시간 여행에 데리고 간다. 지질학자인 그는 시간을 수백 년, 수천 년 단위로 생각하는 역사학자와는 달리 수백만 년, 수천만 년 단위로 생각한다. 그는 지질시대, 즉 아직 인간이 없었던 시대에 지구에서 이산화탄소가 어떤 역할을 했는지를 연구한다. 지구가 젊었을 적에도 대기 중에는 이산화탄소가 있었고, 더구나 지금보다 더 많았기 때문이다. 왜 그랬을까? 그리고 그것은 진화에 어떤 영향을 미쳤을까? 지질학자의 시각으로 볼 때 앞으로 이산화탄소의 역사는 어떻게 이어져 나갈까?

자이프리트 씨, 당신은 언젠가 지구는 '문젯거리 곰'이라고 말씀하셨는데, 그것이 무슨 의미인가요?

우리 인간들은 석기시대부터 자연은 신경을 긁는 문젯거리 곰일 따름이고, 자연의 속박으로부터 일찌감치 벗어날수록 더 좋다는 것을 배웠어요. 지난 50년간 인류는 자연으로부터 아주 많이 해방되어, 오늘날 많은 사람들은 자기들이 사는 도시 밖에서 일어나는 일은 그냥 무시해버릴 수 있을 정도가 되었죠. 하지만 현재 우리가 위험한 동거에 들어가야 하는 것은 예전처럼 절벽이나 계곡이나 화산 같은 것이 아니죠. 과거 밀렵꾼이 용감하게 맞섰던 문제의 곰은 이제 전 세계적인 차원이 되었죠. 방어만으로는 대처할 수 없을 만큼 말입니다.

예전에는 화산이 예측할 수 없는 폭발의 위험성을 지닌 것이었다면 이 제는 대기가, 그중에서도 이산화탄소가 제일 큰 위험 요인으로 부각되고 있는데요. 대기 중의 이산화탄소는 어디에서 온 것이죠?

지구, 태양, 행성의 재료인 우주 먼지는 다량의 기체와 섞여 있었죠. 수소 헬륨이 많았고, 이산화탄소와 일산화탄소도 들어 있었어요. 이런 먼지가 뭉쳐서 생겨난 천체에도 이산화탄소가 있었죠. 이산화탄소는 매우 안정된 화합물이니까요. 무기물 세계와 거의 반응하지 않고, 한다 해도 완전한 분자로서만 반응할 뿐이지요. 그러므로 천체가 완성된 다음에도 그 행성이 지질학적으로 살아 있는 한, 이산화탄소는 언제나 표면으로 나오게 되죠.

이전에 행성이 아직 뜨거웠을 때는 아주 많은 이산화탄소가 뿜어져 나왔어요. 금성에서처럼 이산화탄소가 대량으로 농축되면, 대기는 거의 이산화탄소로만 이루어집니다. 초기 지구의 대기도 이산화탄소가 30퍼센트가 넘었다고 추정되는데, 이런 조건은 생명이 탄생하고 번성하는데 이로웠어요. 지구가 얼음 행성이 되지 않도록 막아 주었으니까요.

지구가 얼음 행성이 될 수도 있었나요?

초기의 태양은 오늘날만큼 뜨겁지 않았어요. 훨씬 약했지요. 태양이 보내는 복사열은 현재의 70퍼센트 정도밖에 되지 않았어요. 당시 지구의 대기에 온실효과를 만드는 이산화탄소 농도가 높지 않았더라면 태양은 얼어붙었을 거예요. 태양이 얼어붙으면, 대기와 대양 간에 교환 과정이 일어나지 않아 대양은 햇빛을 받지 못하게 되죠. 그랬다면 고세균은 몰라도, 그 이상의 생물은 존재하지 못했을 거예요.

태양이 점점 뜨거워지면서 어느 순간 얼음 갑옷을 녹였을 수도 있겠지만, 진화는 기회를 잃었을 것이고, 지구는 지금도 생명이 없는 행성이었을 겁니다.

원시 생명이 생기기까지 10억 년이 필요했어요. 동물이 탄생하기까지는 또 30억 년이 걸렸지요. 그리고 거기서 고등 생물이 생겨나기까지는 다시 5억 년 정도가 걸렸고요. 초기 대기 속에 이산화탄소 농도가 높았던 것은 암석 행성에게는 그리 특별한 일이 아니에요. 하지만 생명의 탄생, 발전에는 이렇듯 우연히 조성된 적절한 조건이 아주 중요했지요.

지구 대기의 이산화탄소 농도가 이후에도 계속해서 30퍼센트 정도를 유지했다면 어떤 일이 일어났을까요?

그랬다면 얼음집과 정반대로 온실효과가 진행되었겠지요. 물이 끓어오르자마자 원시 생명체마저 사라졌을 거예요.

오늘날 금성은 표면 온도 섭씨 465도로 그런 극심한 온실효과가 나타납니다. 현재 대기 중의 이산화탄소 농도가 96퍼센트라서 대기압도 지구의 95배에 이르니, 화산조차 폭발할 형편이 못됩니다.

지구가 금성처럼 온실효과에 희생되는 운명을 피할 수 있었던 이유는 무엇일까요?

생명이 생겼기 때문입니다.

그 이유뿐인가요?

네, 그 밖에는 이산화탄소를 흡수할 다른 메커니즘이 없거든요.

하지만 규산염 광물이 풍화될 때에도 이산화탄소를 흡수하지 않나요?

이산화탄소가 대기 속 수증기에 녹으면 탄산이 형성됩니다. 이것이 자연스럽게 산성비로 내리면 지표면, 특히 산악지대 암석의 풍화가 촉진되지요. 생명 없이도 작동되는 무기적 과정입니다.

그러나 이 과정에서는 이산화탄소가 흡수되지 않아요. 그저 물에 녹을 따름이죠. 나중에 이산화탄소 고정(생물이 이산화탄소를 흡수해서 유기물로 전환하는 것)이 이루어져야 하죠. 고정만이 이산화탄소를 취할 수 있는 길이고, 고정은 생물만이 할 수 있지요. 광합성을 해서 이산화탄소를 탄소 고리에 집어넣거나 물속 이산화탄소를 탄산염, 즉 석회석으로 침전시키거나 하는 것이죠. 부분적 석회질화는 바다 생물들에게 유익해요. 몸을 보호하고, 지탱하고, 내적인 안정성을 획득할 수 있으니까요.

타르, 석유, 천연가스, 석탄, 석회암, 흑연편암에는 예전 대기 중의 이산화탄소가 엄청난 양으로 들어 있습니다.

생명이 광합성을 고안한 이후부터 대기 속의 이산화탄소 함량이 줄어들었다는 이야기인가요?

그렇습니다. 이산화탄소 함량은 광합성을 통해 줄어들어요. 미생물 (세균), 말, 육상 식물은 이산화탄소를 흡수하고 산소와 유기물질을 생산하지요. 따라서 이산화탄소와 대기 속의 자유로운 산소는 양적으로 반비례합니다. 맨 처음 발동이 걸린 이후, 생명의 발전은 본질적으로 이산화탄소 함량이 줄어들고 산소 함량이 증가하는 것(물론 스스로 유발한 현상이죠)에 대한 반응이라 할 수 있습니다.

지금으로부터 24억 년 전 처음으로 대기와 대양의 얕은 물에 자유 산소가 존재하기 시작했어요. 자유 산소의 존재로 인해 이전보다 1,000배는 더 많은 신진대사 반응이 가능해졌지요. 덕분에 핵이 있는 세포들이 탄생했고, 이들은 호흡을 하기 시작했어요. 유기물질을 산화시켜 에너지를 얻는 메커니즘 말이지요.

이것은 탄소 순환의 시작이었어요. 그렇지 않았다면 생물권에는 금방 탄소가 바닥났을 거예요. 전체 농도 49.9원자퍼센트(atomic percent)인 산소와 달리 탄소는 0.0663원자퍼센트로 지구의 희귀한 원소 중의 하나거든요.

호흡은 지구사의 가장 중요한 생물학적 혁신이라 할 수 있는 성(性) 탄생의 전제가 되었지요. 호흡은 지구를 원시 단계로부터 끌어냈으니까요. 산소를 호흡하는 세포들은 아주 효율적인 에너지 획득 기계들이죠! 이 세포들은 서로 아주 많은 커뮤니케이션을 해요. 현재 이런 생물학적 자기 최적화 과정의 절정은 두뇌 동물인 인간이라 할 수 있지요.

순식간에 전 지구사를 망라했네요. 더 정확히는 어떻게 되죠?

지금으로부터 5억 8,000만 년 내지 5억 4,000만 년 사이에 대기 중의 산소 함량이 2퍼센트 이상으로 상승하고 오존층이 서서히 생겨나면서 동물이 탄생할 수 있었죠. 동물은 종류를 막론하고 유기물질을 먹고 소화시킬 수 있지요. 소화는 체내에서 이루어지는 호흡이라고 할 수 있습니다. 이론적으로 완벽한 재활용이에요. 죽은 동식물은 부패해 이산화탄소를 내뿜기 때문이죠. 이런 방식으로 이산화탄소는 대기에 닿고, 세계적으로 재활용될 수 있지요.

하지만 지금은 중장기적으로 유기물질의 일부가 생물권, 수권, 대기권을 빠져나가요. 가령 많은 식물들은 습지에 가라앉는데, 습지에서는 바이오매스가 썩지 않고 이탄토나 석탄이 되어 침적되죠.

또한 지각이 만들어지면 대기 중의 이산화탄소는 점점 줄어들어요. 가령 석탄기에 이산화탄소는 아주 부족했습니다. 그래서 식물은 점점 희박해지는 이산화탄소에 대처하기 위한 메커니즘을 개발해야 했죠. 육상 식물의 진화는 이처럼 공기 중의 이산화탄소 함량 변화와 밀접하게 연결되어 있습니다.

이산화탄소가 진화를 조종한 것이네요. 어떻게 진행되었죠?

식물은 점점 희박해지는 이산화탄소를 받아들이기 위해 잎을 개발했어요. 실루리아기 후기의 가장 오래된 육상 식물에는 잎이 하나도 없었어요. 초록 줄기뿐이었죠. 잎은 아주 유익한 작용을 했고, 석탄기에 지구 역사상 가장 규모가 큰 숲들이 탄생했지요. 나뭇잎은 열대에서 뿐 아니라, 습하고 서늘한 기후에도 아주 생산적이었어요.

대기 중의 높은 산소 함량 덕분에 곤충이 폭발적으로 늘어나, 식물이 더욱 개선된 번식 전략을 구사해야 했기 때문이기도 하지요.

엄청난 진화로군요. 그 후에는 어떻게 되었나요?

2억 5,100만 년 전 페름기 말에 엄청난 멸종 사건이 일어나 모든 생물이 거의 종말을 맞았어요. 당시 95퍼센트에 이르는 생물 종이 멸종했죠. 대기 중의 산소 함량은 약 10퍼센트로 줄어들었고, 반대로 이산화탄소 함량은 다시 증가했어요. 특히 백악기에 이산화탄소 함량이 높았어요. 오늘날의 몇 배에 이르렀을 것으로 예상됩니다. 이후 습하고 따뜻한 이산화탄소 파라다이스에서 생명은 극지방에 이르기까지 새롭게 약동했죠.

이런 상황은 식물의 발전에 어떤 영향을 미쳤나요?

진화에서 늘 그렇듯이, 능력 있는 식물은 환경에 최적으로 적응하면서 살아남지요. 백악기에 육상 식물과 곤충과 조류는 한마디로 말해 많은 공통 관심사를 좇았고, 그로부터 종자식물이 탄생했어요. 이들이 아주 번성한 탓에 석송이나 쇠뜨기, 양치식물의 존재감은 상대적으로 미미해졌어요.

종자식물이 그렇게 성공적이었던 것은 무엇 때문이죠?

백악기의 육상 식물은 2억 년 전 파충류가 했던 전략을 따라했어요.

수정이 이루어지고 배아가 만들어지고 나서야 비축 물질이 구비된 씨앗이 생겨나도록 한 거죠.

파충류의 조상인 양서류와 어류의 경우는 암컷이 엄청난 양의 알을 놓고 거기서 몇몇 후손만이 살아남는 메커니즘이었어요. 각각의 알에는 아무런 성분도 비축되어 있지 않으므로, 그들은 스스로 생존 가능성을 모색해야 했지요.

그러나 파충류는 달랐어요. 모체에서 직접 수정되도록 한 후 노른자위가 풍부한 소수의 알을 낳았지요. 이런 효율적인 방법은 그 뒤 시대를 초월해 조류와 포유류에게도 사랑받았어요. 백악기에 식물도 이런 방식을 적확히 따라했지요. 작은 알을 무수히 만들고 우연히 수정되게 하는 대신, 매력적인 향기가 나는 기름진 부분을 만들어 곤충으로 하여금 즐기게 했어요. 자신의 번식을 위해서 말이지요.

생물학적 협동의 본질은 간단해요. 번식의 성공을 꾀한다는 것이지요. 이것은 도덕적 카테고리가 아니라 자연 법칙이에요! 성공 스토리는 20억 년도 더 전에 진핵세포가 엽록체와 미토콘드리아를 받아들이고 공생하면서 시작되어, 지금까지 많은 포유동물의 산파 역할을 해왔지요.

따라서 결론적으로 말해 종자식물의 탄생은 효율적이고, 자원을 아끼는 혁신이었어요. 그러나 이산화탄소가 다시 빠듯해지면서야 비로소 잠재력이 발휘되었지요.

백악기 이후에는 단기적 상승기를 제외하면 대기 중 이산화탄소 함량이 점점 감소했지요. 결국 지난 빙하기 동안에 180피피엠까지 낮아졌습니다. 이것은 식물의 진화에 어떤 영향을 미쳤나요?

숲이 줄어들고 초지가 확장되었어요. 이것은 언뜻 온도가 저하되는 것에 대한 적응으로 보이지만, 그뿐만 아니라 대기 중 이산화탄소 감소에 대한 진화적 반응이기도 했습니다. 풀(대나무, 옥수수, 곡식도 속합니다)은 광합성을 통해 이산화탄소를 더 효율적으로 고정시킬 수 있는 소위 C4 식물이거든요. C4 식물은 산림 식물, 즉 C3 식물의 광호흡을 광합성으로 대치했지요. 이들은 이산화탄소가 부족한 새로운 세계를 예고하는 메신저였어요. 이런 세계가 먼 미래에 어떤 모습이 될지는 쉽게 상상할 수 있지요. 생물학적 혁신은 어떤 시대건 간에 골프장이 아니라, 열대림에서 나왔기 때문입니다.

이산화탄소는 다른 쪽에서 추가 공급되지 않나요?

추가 공급되지요. 우선은 지구의 맨틀로부터 끊임없이 이산화탄소가 분출됩니다. 가령 7만 킬로미터에 이르는 오세아니아 중부의 산맥을 따라서 말이에요. 그것이 없으면 아무 것도 되지 않아요. 생물권과 대지와 수권, 대기권 사이의 표면적인 탄소 순환만을 고려하면, 단기적으로 볼 때 탄소 순환은 내적인 재활용이 빠르게 이루어지는 시스템으로 보여요. 하지만 이런 재활용과 맨틀에서 분출되는 양만으로는 석유, 석탄, 석회로 퇴적되면서 암석권으로 들어가는 이산화탄소의 양을 감당하지 못합니다.

그러니까 땅 속으로 가라앉은 탄소 원자는 모두 암석권으로 들어가게 되는 것인가요?

전부 그렇지는 않지요. 생물학적 탄소 순환 외에 지질학적 탄소 순환도 있으니까요. 하지만 이것은 아주 커다란 시간적 차원에서 진행되어 지질학자 외에는 상상하기가 쉽지 않아요.

지구가 지질학적으로 활동하는 한, 즉 판구조활동이 계속되는 한, 이산화탄소가 저장된 암석들은 산맥 안에서 더 깊은 곳으로 가라앉거나 표면으로 솟아오를 것입니다. 산맥 뿌리의 용광로 안에서는 암석(예컨대 대리석 같은) 속의 이산화탄소가 분리되어 다시 대기 속으로 올라오게 됩니다.

산맥에서도 탄소를 함유한 많은 암석이 표면으로 나오고, 그곳의 탄소가 대기 중의 산소와 만나 이산화탄소로 산화되지요. 따라서 지각은 어떤 부분에서는 이산화탄소를 먹어 치우고, 다른 부분에서는 이전에 저장한 이산화탄소를 다시 내주는 것입니다.

그런 과정은 늘 일정하게 진행이 되나요, 아니면 지질학적으로 주로 저장이 이루어지는 시대가 있고, 배출에 힘쓰는 시대가 있는 것인가요?

저장과 배출 사이의 관계는 지구사에서 여러 번 엎치락뒤치락했어요. 수백만 년의 세월을 두고 아주 느린 속도로 말이지요. 대략적으로는 대륙이 표류하던 초기에는 이산화탄소의 소모량보다 공급량이 많았고, 대륙이 서로 충돌해 산맥이 형성되던 시기에는 공급량보다 소모량이 더 우세했지요.

여기서 취급되는 양이, 석탄과 천연가스와 석유와 이탄에 저장된 것만 해도 5.4테라톤이라는 것을 생각하면, 이에 비해 플라이급이라고 할 수 있는 800기가톤의 이산화탄소를 가진 바이오매스는 상당한 양이긴 하지만, 장기적으로는 기후에 그리 결정적인 영향을 행사하지 못한다는 점이 분명해집니다.

지구가 온실기후 상태인가 아닌가 하는 것은 맨틀의 가스 배출, 지각에서의 순환, 판구조 활동이 결정하지요. 생물권은 이런 조건에 적응할 따름입니다. 잘 적응하고 있고요. 생물권은 어느 정도 지권(地圈)을 추월하고 있어요. 장기적으로 생물권은 지구가 공급해 주는 이산화탄소 양보다 이산화탄소를 더 빨리 소비하게 될 것입니다. 지구의 열기가 식어 가면 탄소를 함유한 암석의 순환 능력도 점점 더 감소하기 때문이지요.

장기적으로는 이산화탄소 부족으로 생명이 멸망하게 될 거라는 이야기입니까?

지금 우리에게 주어진 태양의 크기를 고려할 때 지구와 같은 행성들은 기껏해야 13억 년 동안만 복합적인 다세포 생물들을 배출하고 전개시킬 수 있어요. 그리고 그 세월 중 지금까지 6억 년이 지났지요. 장기적인 지리적 눈금으로 1억 년 앞을 생각하면, 이산화탄소가 위험할 정도로 부족해질 것이라고 예상할 수 있습니다. 그렇게 되면 생명의 다양성이 위협받게 되리라고 생각합니다. 지구의 생명이 실질적으로 종말하기까지는 한참 더 걸리겠지만요.

하지만 대기 중의 이산화탄소 함량은 계속 상승하고 있는데요?

네, 우리가 문명에서 비롯된 연소를 통해 산소를 소비하게 된 이래 대기 중 이산화탄소는 빠르게 상승하고 있지요. 인간이 욕구에 따라 야만적인 편의를 추구하는 동안 이산화탄소가 부족해지지는 않을 것입니다. 이 사실을 이유로 들어 지질학의 장기적인 예측을 악용해서는 안 되겠지요. 독일 아스팔트 컨트리클럽에 이런 이야기를 하면 만세를 부를 것입니다. "속도 제한 규정을 두면 독일 운전자들이 다 졸게 될 거라고 했잖아." 하면서 말이지요.

다시 빙하기가 올까요?

새로운 빙하기가 올 것으로 예상됩니다. 우리는 간빙기에 살고 있습니다. 그러나 장기적으로 이산화탄소 함량이 점점 더 줄어들면, 빙하 작용이 거세지면서 오래 지속될 수도 있습니다. 그에 대해서는 아직 걱정할 단계는 아니지만요.

대기 중의 이산화탄소 함량 증가는 얼마나 오래 계속될 것 같습니까?

인간이 만들어 낸 이산화탄소의 상승 곡선은 기껏해야 소중한 화석 원료가 다할 때까지 계속되겠지요. 그리고 그 후유증은 한 200년간 이어질 거라고 봅니다. 이산화탄소 감축을 위한 정치적 조처들이 아무 성과를 거두지 못할지라도 치솟는 원료 가격 때문에 어쩔 수 없이 에너지를 더 신중하게 대하겠지요.

석유 가격은 이미 뛰었을 뿐 아니라 문명 유지에 필요한 모든 재료의 가격이 비쌉니다. 금값은 10년 남짓이면 트로이온스 당 240 미국 달러에서 1,000미국 달러로 뛸 것입니다. 납은 쓸모없는 유독 쓰레기에서 귀중한 물질로 탈바꿈했고, 비행기 터빈 제작자들은 티타늄을 찾아 절망적으로 쓰레기 더미를 뒤지고 있으며, 몇몇 열성적인 사업가들은 귀한 구리선 대신 알루미늄 전선을 사용하기 시작했습니다. 특히 석유와 관련해 아이디어가 아주 많지요. 하지만 결국 원료 부족은 촉진될 수밖에 없습니다.

주된 문제가 이산화탄소인가요? 혹시 간과되고 있는 다른 요인은 없나요?

인간들이 이산화탄소 문제를 성공적으로 다룬다 해도 그것만으로는 난관을 벗어나지 못합니다. 아무리 작은 것이라 해도 문명과 관련된 모든 에너지 소비는 대기, 수권, 땅에 저장된 열을 방출시키기 때문이지요. 20세기에 세계적으로 평균 기온이 섭씨 0.7도 상승한 것은 대기 중의 이산화탄소 함량이 상승한 결과일 뿐 아니라, 대량으로 방출된 열 때문이기도 합니다.

태양열과 마찬가지로 공업 여열(industrial waste heat)도 31퍼센트 정도의 반사율(알베도)을 갖습니다. 태양열의 19퍼센트는 적도와 극 사이의 순환 과정에 흘러 들어가지요. 대양에서는 끊임없이 3,000만 세제곱킬로미터의 물이 순환되고 있으니까요. 거기에 인간으로 말미암은 공업 여열의 69퍼센트가 전체 시스템에 부가되어, 이런 열로 인해 북극의 얼음이 빠른 속도로 녹고 있습니다.

이산화탄소 모델에 근거한 기후 예측은 불분명한 반면, 공업 여열을 통한 세계적 온도 상승은 정확히 계산할 수 있습니다. 앞으로 300년간에 걸쳐 섭씨 3도 상승할 것으로 보고 있습니다. 하지만 이것은 단지 공업 여열을 통한 순수 증가량일 따름입니다. 따라서 이산화탄소 방출량을 감축하기 위한 조처들이 얼마나 효율적으로 이루어지는가와 상관없이 지구는 이 정도의 온도 상승은 앞두고 있습니다.

우리가 활용할 수 있는 기후 중립적인 에너지원은 햇빛, 조수간만의 차, 대양의 파도, 강, 지표면과 가까운 지하수, 바람입니다. 이것은 대부분의 현대인들에게는 별로 와 닿지 않는 열역학 제2법칙에서 연유하죠. 인간이 문명적 수요에 대해 똑똑한 해결책을 발견하지 못한다면, 언젠가 인류는 멸망할 것입니다. 이미 다른 위기를 극복한 바 있는 생물권이 돼지우리를 정돈하게 되겠지요.

이런 상황에서 현재의 기후변화에 대한 논의를 어떻게 생각하십니까?
이산화탄소로 인한 기후변화를 부인하는 사람은 요즘 언론에서 엄청 욕을 먹어요. "기후변화를 부인한다고? 이런 형편없는 사람 같으니라고!"하면서 말이죠. 일단 나는 그런 사람이 아니라고 배수진을 치고 싶습니다. 하지만 사실은 이렇게 조롱해야 할 겁니다. "기후변화를 부인하지 않는다고? 이런 속을 알 수 없는 사람 같으니라고!"

따라서 당신은 기후변화를 부인하지 않는 사람이라는 거네요. 기후 모델은 얼마나 신뢰성이 있습니까?

매년 더 좋아지고 있어요. 그럼에도 우리의 집단적 행동은 비이성적으로 흐르고 있습니다.

상당히 염세적인 시각이군요!

세계적인 시각에서 따져 보면 그렇습니다. 2001년에 인류는 346엑서줄의 에너지를 소비했어요. 이것은 우라늄을 포함해 기존의 세계 에너지 비축량의 1퍼센트에 해당합니다. 매년 인간이 소비하는 에너지는 지구의 내부에서 나오는 열류량 40테라와트의 4분의 1에 해당해요. 지각 열류량(이것은 뜨거운 지구핵에서 뿜어져 나와 맨틀에서 방사성 원소 붕괴를 통해 방출되는 열입니다)은 지구 맨틀의 암석을 대류적으로 변화시켜 판구조 활동을 야기하며, 박테리아 이상의 생명을 탄생시키지요.

우리는 너무 심한 상태까지 이르렀어요. 강보다 암석을 더 좌지우지하지하며 무언가를 해요. 하지만 지구가 유한하다는 사실은 안중에 없는 것 같습니다.

"내가 눈짓할 때까지 무한정 쓰도록 해."와 같은 원료에 대한 기본권은 우리 법 시스템의 가장 교만한 석기시대적 소산이라 할 수 있죠. 지구가 지질학적, 생물학적 다양성을 결코 혼자서 만들어 낼 수 없었을 거라는 믿음에 기초하니까요.

많은 인간들은 외부의 도움을 믿거나, 최소한 우리가 조금 더 수준 높게 행동하면 모든 것을 더 좋게 만들 수 있다고 확신하지요.

아주 마음을 넓게 써도 지구가 생명을 고안했다는 정도만 인정합니다. 그러니 복잡한 생물권의 생성에 대해서는 어떻게 여기겠어요.

이야기가 빗나갔는데요.

그러네요. 어쨌든 이산화탄소라는 테마는 우리의 뇌 속 깊숙이까지 가지를 치고 들어왔어요. 지구의 다층적인 과정은 우리가 그것을 이해하지 못하는 한, 또는 이해하려고 하지 않는 한 복잡하게 보일 겁니다.

자이프리트 씨, 우리가 기후를 구할 수 있나요?

"우리가 기후를 구할 수 있다.", "우리가 지구를 구해야 한다."는 식의 말들은 오래된 오만에서 비롯된 말이에요. 심지어 진지한 신문들까지 그런 말들을 떠들어 대지요. 힘주어 말하지만 우리는 '기후'를 구할 수 없습니다. '지구'는 더더구나 구하지 못하고요. 능력 밖입니다. 신적인 능력을 가진 것처럼 행동하는 사람들도 그렇게 하지 못해요. 이런 주제를 학문을 도외시한 채 도덕이 뚝뚝 묻어나는 식으로 다루는 것은 정말이지 마음에 들지 않습니다.

"불쌍한 지구, 환경이 너무 나빠졌으니 우리 착한 사람들이 조금 도와주어야 해."라고 하지만 아무도 생활 방식을 바꿀 준비가 되어 있지 않지요. 포르쉐 오픈카를 타고 450마력(PS)으로 고속도로를 질주하는 꿈을 꾸지 않는 건 나를 비롯해 소수에 불과할 거예요. 훗날 우리 시대는 '낭비의 시대'라 불리게 될 것입니다. 몇 십억 명이 예전 같으면 군주나 누렸을 법한 사치스런 생활을 하고 있으니까요.

그 질문에 조금 더 자세히 대답해주시겠어요?

나는 지질학자이지 예언자가 아닙니다. 지질학자로서 나는 언제나 생각과는 다르게 된다고 말하고 싶어요. 기후학자들의 시나리오도 있지만, 과거 지구에 일어났던 일들이 다시 일어날 수도 있어요. 커다란 화산 폭발이나 1342년과 같은 홍수가 커뮤니케이션 시스템과 공급로를 다 차단, 대량 기아 사태가 빚어질 수도 있어요.

예상과 달리 사람들이 이성을 찾는다면, 조금은 더 낙관적일 수 있겠지요. 하지만 그러기 위해서는 전 인류의 엄청난 지적 노력이 필요할 겁니다. 지금으로서는 그런 노력이 잘 보이지 않지만요.

천연가스와 석유가 나오는 유전이나 탄광에 이산화탄소를 저장하는 건 어떨지요?

연소 과정에서 나오는 이산화탄소는 부분적으로 그런 곳에서 유래하지요. 그래서 이산화탄소를 천연가스나 석유가 나오는 유전이나 탄광에 다시금 펌프질해 넣을 수 있어요. 밀도가 높거든요. 그렇지 않으면 석유나 천연가스가 들어 있지 못했을 거예요. 그러나 배기가스나 대기에서 어떻게 이산화탄소를 분리해내죠? 그리 쉽지 않아요. 석회로 미네랄화시키는 것(따라서 침전)도, 냉동시켜 분리하는 것도 에너지가 아주 많이 들죠. 방법 자체는 좋게 들리지만, 전체적인 에너지 총계는 그리 바람직하지 않아요.

따라서 생물권을 신뢰하는 수밖에 없는 건가요?

네. 유기물질로든, 석회질로든 간에 생물권이 이산화탄소를 고정시켜요. 햇빛을 활용 가능한 에너지로, 그렇게 효율적으로 변화시킬 수 있는 방법은 광합성 외에는 없어요. 인공적 기술로는 되지가 않아요. 지표면에서는 유기물질이 부패해서 다시 이산화탄소와 물로 변합니다. 대륙의 석회질(예컨대 트래버틴)은 세계 전체로 볼 때 별로 비중이 없고요.

대양에서 이산화탄소를 고정할 수 있지 않을까 하며 대양에서 희망을 보는 시각도 있는데, 석회질의 경우는 전망이 없어요. 바닷물에는 탄소가 넘쳐나지만, 석회질은 무기적인 과정으로는 침전되지 않고, 광합성이라는 우회로를 거쳐야만 침전이 가능하니까요. 우리는 이런 시스템에 개입할 능력이 없어요. 인간은 지난 50년간 산호초에도 해를 끼쳐 오늘날 대부분의 산호초가 손상된 상태죠.

그래서 몇몇 사람들은 남극해에 철을 뿌려서 이산화탄소를 줄이겠다고 투자자까지 모집했잖아요?

그랬죠. 많은 돈을 들여 마술사 놀이를 한 거죠. 그 계획의 밑바탕은 이렇습니다. 대륙에는 식물과 동물이 생리적으로 필요한 만큼의 철이 용해되어 있는데, 바다에는 바닷말의 성장이 제한될 정도로 철이 부족하다. 그러므로 철을 대규모로 바다에 살포해서 플랑크톤, 특히 규조류의 성장을 유도하면 그들이 대기 중의 이산화탄소를 아주 많이 흡수할 것이다. 그러나 인간의 문제는 바로 가속 페달을 조절하지 못한다는 것이죠.

이런 방법의 난점은 무엇입니까?

첫째, 그 실험에서 플랑크톤은 어떻게 될까요? 플랑크톤이 유기물질로서 해저 바닥으로 이동해 중장기적으로 시스템에서 제외될까요? 기껏해야 일부분만 그렇게 될 겁니다. 차가운 물에는 따뜻한 물보다 산소가 더 많이 녹아 있으니까요. 따라서 죽은 플랑크톤은 물줄기가 가라앉으면서 부분적으로 다시 이산화탄소로 산화됩니다. 연구자들이 원했던 것처럼 침적물이 되지 않아요.

이에 대한 명백한 증거가 있어요. 남극 대륙 서쪽에는 영양분이 풍부한 깊은 곳의 물이 소위 부력이 작용하는 지역에서 표면으로 올라옵니다. 그곳은 물고기가 엄청 풍년입니다. 플랑크톤이 대량으로 해저 바닥으로 내려간다면 그렇게 되지 않을 거예요. 따라서 사업계획은 그럴 듯하지만, 탄소대차대조표 상으로는 지지부진하죠.

두 번째 난점은요?

마술을 배우는 사람에게 가끔 일어나는 일로, 자신이 저지른 일에 대한 통제력을 잃어버린다는 것이에요. 대양의 생태계는 5억 년도 더 전부터 철이 부족한 상태에 적응해왔어요. 따라서 대규모 철 살포는 심해 채굴과 마찬가지로 지구의 전체적인 먹이사슬에 무분별하게 개입하는 것입니다. 이런 일은 소수가 아니라 모두가 잘 생각을 해야 하는 일이에요.

완벽하군요. 자 이제 대화를 마치기로 하겠습니다.

물론이죠. 마지막으로 한 가지만 더 이야기하겠습니다. 이산화탄소를 가지고 할 수 있는 좋은 일이 많은데, 그에 대해서는 합당한 평가가 이루어지지 않는 것 같아요. 이와 관련해서 내가 특히 높이 평가하는 것은 밀 맥주(wheat beer)예요. 몇몇 양조업자는 아주 솜씨가 좋아서 술꾼에게 매우 멋진 찰나의 순간을 선사해주지요. 그때 술꾼은 완벽한 순간이 어떤 것인지를 느끼게 되는데…….

풋, 뭐라고요?

웃을 일 아니에요. 양질의 것은 척보면 알지요. 저질 취향의 음료는 다른 사람에게나 넘겨요.

롤프 페터 지페를레

에너지 체계의 변천사

불의 사용은 세계의 거의 모든 문화에서 동물과 인간을 가르는 기준으로 여겨진다. 불의 사용과 관련된 신화도 많다. 불을 만드는 다양한 방식들을 시간적으로 열거하면 그것이 곧 인간의 역사가 된다. 역사학자 롤프 페터 지페를레는 이 글에서 석기시대에서부터 점점 더 생태적인 한계에 봉착하고 있는 작금의 산업화 시대에 이르기까지 이어져 온, 세 종류의 에너지 획득 및 활용법을 서술하면서 이산화탄소 역사에 인간이 어떻게 기여했는지를 조망한다. 불을 사용하는 과정에서 생기는 주요 산물이 이산화탄소이기 때문이다. 석기시대의 수렵과 채집꾼들, 농경문화의 농사꾼들, 고도 산업사회의 일꾼들은 특유의 방식으로 탄소 순환에 영향력을 행사해왔다.

모든 동물의 신진대사는 탄소에 기반을 둔다. 양분으로 탄소를 함유한 바이오매스를 흡수하는데, 체내에 들어온 바이오매스는 소화 과정에서 산화되어 날숨을 통해 이산화탄소로 배출된다. 인간은 이외에도 다른 방식으로 탄소를 활용하는 유일한 포유동물이다. 바로 불의 사용이다. 인류가 불을 사용한 지는 100만 년이 넘으므로, 불은 인류의 생물학적 기본 장비 중 하나다. 인류 문화 중 불을 활용하지 않았던 문화는 알려져 있지 않다. 네안데르탈인도 불을 사용했다. 불의 사용은 인류와 다른 영장류를 구분한다. 영장류 중 인간과 가장 가까운 침팬지도 불을 사용하지 않는다. 불을 사용하면서 인간은 필연적으로 다른 동물보다 더 많은 이산화탄소를 만들어 내게 되었다. 또한 역사적으로 에너지 활용 방법이 다양해지면서 이산화탄소 생산 규모도 달라졌다.

사회적인 에너지 활용 형태는 역사적으로 크게 세 가지 사회적 물질대사 양식으로 나뉜다. 첫 번째와 두 번째 양식은 태양에너지를 활용하는 것이고, 세 번째 양식은 화석에너지와 다른 에너지원을 활용하는 것이다.

첫 번째는 석기시대의 사냥꾼과 수렵인들의 에너지 활용 양식으로, 100만 년 전 불을 처음 활용하면서 시작되었다. 이때 인간들은 에너지 흐름을 통제하지 않고, 그저 존재하는 에너지 흐름에서 거저 얻을 수 있는 바이오매스를 활용했다. 바이오매스의 성장 조건에는 거의 개입하지 않았다. 이런 수렵, 채집사회에서 불을 사용하며 배출하는 이산화탄소는 기후에 거의 영향을 미치지 않았다. 늦건 빠르건 어차피 산화될 바이오매스만이 연소되었기 때문이다. 물론 불을 사용함으로써 이런 연소가 촉진되긴 했지만, 대기 중 이산화탄소 농도에는 별다른 영향을 미치지 않았다.

두 번째 양식은 약 1만 년 전에 시작되었다. 농경을 시작하면서 태양에너지 흐름을 조작하고 통제했다. 인류 역사 대부분이 이런 농경문화 시대에 속한다. 신석기 혁명으로 태동한 단순한 농경사회에서부터 지난 3,000여 년간의 복합적인 농경문명에 이르는 시대다. 농경사회의 이산화탄소 배출량도 그리 두드러지지 않았다. 농사꾼들은 숲을 개간해 그 자리에 곡식을 경작했다. 예컨대 원래의 숲에는 약 300년 동안 자라온 나무들이 있었다고 하자. 나무를 연소하면 이산화탄소가 발생해 대기 중으로 유입되었을 것이다. 반면 곡식밭은 1년 동안 광합성을 통해 이산화탄소를 흡수하고, 이런 바이오매스는 매년 수확되어 다시금 이산화탄소로 전환된다. 즉 숲이 가지고 있던 전량의 탄소가 한꺼번에 이산화탄소로 배출되지만, 이후 농경지에서 지속적으로 농산물이 생산되므로 탄소 중립 상태가 된다. 식물의 성장기에 흡수된 이산화탄소는 수확을 마치면 다시 대기 중으로 방출된다. 따라서 농경시대 초기에는 숲을 개간할 때마다 대기 중의 이산화탄소 유입량이 쑥 늘긴 했지만, 세계 전체로 보면 이런 일은 오랜 세월에 걸쳐서 일어났으므로, 이산화탄소는 대양에 용해될 수 있었고 기후에 미치는 영향은 거의 없었다.

세 번째 양식은 약 200년 전에 일어난 물질대사 양식의 전환으로 생겼다. 화석에너지원이 기반이 된 것과 동시에 광범위한 산업화와 폭발적인 인구 및 경제성장이 맞물린 것이다. 우리는 아직 이런 새로운 양식의 초기 단계 및 형성 단계에 있다고 할 수 있다. 세 번째 양식의 특성은 바로 구조적으로 지속 가능하지 못한다는 것이다. 다시 말해, 이 양식은 지속적으로 유지될 수 없는 조건에 기반하고 있다. 우리는 현재 본질적인 변환이 이루어지는 시기에 살고 있는 셈이다. 화석 원료를 이용하는 오늘날의 에너지 시스템은 수백 만 년 전부터 생물권이 축적시킨 탄소를 200여 년이라는 짧은 시간에 동원한 것이다. 급격한 탄소 연소가 대기 중의 이산화탄소 농도 급증으로 이어지고, 이것은 온실효과를 초래한다. 온실효과는 오늘날 누구나 알다시피 기후변화로 이어진다.

석기시대 사냥꾼의 에너지 총계

사회적 생태학에서는 오늘날의 사회적 물질대사 규모를 측정할 뿐 아니라, 과거의 물질대사 규모도 추정하려는 시도들이 있다. 그러나 이것은 간단하지가 않다. 장기적인 세월을 고려하면 이러한 시도의 기본 과정에 문제가 드러날 수도 있다. 그래서 물질과 에너지 흐름 분석(MEFA)에서는 사회적 흐름과 자연적인 흐름을 구분하는 경계선을 정할 필요가 있다. 가령 동물 한 마리를 사냥한다면, 사냥에 들어간 에너지 소비와 노획물에 들어 있는 에너지를 따지는 것이다. 이때 동물이 먹은 양분의 에너지는 따지지 않는다. 반면, 동물을 사육하는 경우에는 다른 에너지 소비량 외에 동물 사료에 들어간 에너지 함량도 총계에 들어간다.

이런 방법을 사회 분석에 적용하면 삶의 과정을 통제하는 사회일수록 자동적으로 에너지 소비가 증가한다는 것을 알 수 있다. 수렵과 사육의 차이에서도 알 수 있듯이, 통제의 정도는 점점 커지는 경향이 있기 때문이다. 이를 통해 우리는 역사적으로 1인 당 에너지 소비량이 계속 증가해온 사실도 알게 된다.

에너지는 줄(joule) 단위로 측정한다. 이것은 아주 작은 단위다(1줄= 0.239칼로리). 더 커다란 에너지양은 킬로줄(kilojoule)(1킬로줄=1,000줄), 메가줄(megajoule)(1메가줄=1,000킬로줄), 기가줄(gigajoule)(1기가줄= 1,000메가줄), 테라줄(terajoule)(1테라=1,000기가줄)로 표기한다. 인간의 신진대사에 쓰이는 에너지양은 하루에 약 1,000만 줄(따라서 10메가줄)이며, 1년에는 3.5기가줄이다. 인간 사회는 이런 기본 신진대사 외에 더 광범위한 사회적 대사를 가지고 있다. 이런 대사를 위한 에너지는 수렵, 채집사회에서는 연간 10~20기가줄, 농경사회에서는 연간 약 70기가줄인데 비해, 오늘날 유럽의 산업사회에서는 연간 약 200기가줄이다(미국의 경우는 약 350기가줄이며, 사우디아라비아 같은 곳에서는 1년에 500기가줄에 이르기도 한다).

그러나 이런 수는 계산 방법에 따라 많이 달라진다. 동원되는 전체 에너지를 고려하면 완전히 다른 결과가 나온다. 일단 석기시대 수렵사회를 한번 자세히 살펴보자. 석기시대 사람들은 주로 초원에 살며 맹수를 사냥해서 먹고 살았다. 육식에서 취하는 칼로리 비율이 80퍼센트 이상이었다. 맹수 사냥에는 불을 놓는 일이 중요한 비중을 차지했다. 일부러 마른 풀에 불을 붙였다. 바람 방향을 정확히 계산한 경우 불은 특정한 방향으로 확산되어 사냥 노획물 앞으로 불어 닥쳤다. 이상적인 경우 동물은 결국 진퇴양난에 빠지거나 두려움에 떨며 절벽 아래로 추락했다.

이런 사냥 방법의 에너지 총계를 계산하고자 한다면(MEFA에서 흔히 그렇듯이) 노획된 먹거리의 에너지 함량만 측정할 뿐 아니라, '부수적 피해'를 고려해야 한다. 이에 대한 경험적 데이터는 없지만 대략적으로 추정하는 것은 가능하다. 화재로 불에 탄 면적이 1제곱킬로미터라고 해보자. 0.01제곱킬로미터의 사바나에 세제곱미터 당 9기가줄의 칼로리양(발열량)을 가진 바이오매스가 있다고 하면, 제곱미터 당 45테라줄이 될 것이다. 1년에 두 번만 그런 면적의 화재를 일으킨다고 하면, 거기에 소비되는 연간 총 에너지양은 90테라줄이 되고, 그것을 약 24명이 있는 한 팀에 분배하면 1인 당 3.75테라줄 정도가 나온다. 이것은 현재 미국의 1인 당 에너지 소비량을 10배 이상 웃도는 수치다.

따라서 연소된 바이오매스를 1인 당으로 환산하면 수렵, 채집사회는 엄청난 에너지 소비량을 가진 사회가 된다. 그러나 당시 인구 밀도가 아주 낮았기 때문에 전체적인 효과는 별로 크지 않았다. 어쨌든 불을 이용해 사냥을 하는 방법은 식물계를 지속적으로 변화시켰다. 사냥꾼들이 곧잘 불을 놓자 의도치 않게 초지가 생겨났고, 초지 위에서 사냥꾼들이 선호하는 사냥감인 커다란 초식동물 떼가 풀을 뜯게 된 것이다.

농경사회의 에너지 체계

농경사회로 옮아가면서 에너지 흐름에 대한 통제가 증가했다. 동시에 땅을 조금 더 집중적으로 이용할 수 있게 되었다. 농업 생산 방식 덕분에 정해진 면적에서 성장하는 전체 바이오매스를 독점할 수 있었기에 가능한 일이었다. 때로는 농부가 땅이나 소작물에 대한 경쟁자를 다 저지할 수도 있었다. 잡초뿐 아니라, 수확물의 경쟁자인 해충과도 싸웠다.

이런 기본 전략에서 농업 생산의 몇 가지 특징이 나온다. 농업에서 제일 중요한 것은 태양에너지 흐름을 조작하는 것인데, 그중에서도 바이오매스를 가장 중점적으로 활용한다. 다음 그림을 보면 이상적인 농경사회에서 에너지 흐름이 어떻게 활용되었는지 한 눈에 알 수 있다.

아울러 중요한 것은 우리가 태양에너지를 이용하는 서로 다른 부문을 가지고 있다는 것이다. 그 하나는 바이오테크놀로지 부문이고, 하나는 동력학 부문이다. 그중에 바이오테크놀로지 부문이 월등하게 중요하다. 바이오테크놀로지의 구조는 다음 그림에서 분명하게 알 수 있다. 태양의 복사에너지는 우선 식물의 광합성을 통해 포착되고 화학적으로 흡수된다. 이어 동물에 의해 변하면서 인간이

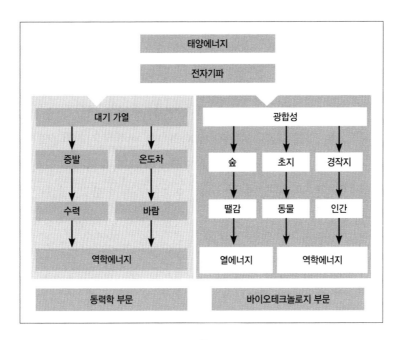

농경사회의 태양에너지 시스템 구조

활용할 수 있는 형태가 된다. 농경 시스템에서는 특히 생물을 활용했다. 생물은 식량이자 연장이자 건축 재료이자 에너지원이자 운송 수단으로서 봉사했다. 나아가 인간은 생명 과정을 지속적으로 통제하고자 했다. 숲을 개간하고, 경작지를 만들고, 씨를 뿌리고, 가꾸고, 물을 주고, 배수를 하고, 소각하고, 경작하고, 사육하고, 멸절시키고, 이로운 곤충은 증식시키고 보호하고, 해충, 잡초, 육식 짐승과는 싸웠다. 농사의 전략은 원래의 '자연스러운' 생태계에서 식물을 없애 면적을 얻고, 사람에게 이로운 생물을 키우고자 그 땅을 정돈하고 독점하는 것이다.

　바이오테크놀로지 부문 외에 태양에너지를 직접 역학적으로 활용하는 동력학 부문이 있다. 생물권에서 활용할 수 있는 태양에너지의 흐름(바람이나 흐르는 물)을 직접 운동에너지로 변화시킨 것이다. 이 부문은 에너지의 규모에는 영향을 끼치지 않지만, 에너지를 더 효과적으로 활용할 수는 있다. 여기에서는 효율성 개선만이 최선이므로, 늘 개선 여지의 경계를 탄력적으로 천천히 시험해보는 것이 중요하다. 이런 역학적 도구 중 가장 중요한 것이 범선과 물레방아다. 범선은 농경문명에서 장거리 수송을 가능케 했고, 물레방아는 지난 2,000년간 인류 전체의 바퀴 기술(기계, 시계 등)을 태동시킨 모태가 되었다. 태양에너지를 활용하는 두 부문의 상대적 중요성은 아래 표에서 확인할 수 있다.

활용 목적	범위(메가줄)	평균(하루)
가축 사료	20	20
식량(식물성)	5~10	8
식량(동물성)	1~40	20
땔감(가정)	15~120	70
땔감(일터)	10	10
물과 바람	0.5	0.5
합계	50~200	130

유럽 농경사회의 1인 당 에너지 사용

이 표는 근대 초기의 다양한 유럽 농경사회의 경험적 데이터에 근거한 것이다. 보다시피 에너지양의 범위는 상당히 큰데, 땔감의 경우 특히 그렇다. 남유럽에서는 스칸디나비아보다 땔감을 훨씬 덜 소비하기 때문이다. 땔감 소비량은 기후가 추운지 더운지, 땔감이 풍족한지 부족한지에 따라 달라진다. 영국과 오스트리아의 경우는 평균치가 연간 한 사람 당 약 70기가줄이라는 계산이 나왔다. 다른 발전한 농경사회도 이 정도 수치에 해당했을 것으로 보인다.

여기서도 역시 우리는 농경사회가 진행되면서 에너지 효율이 높아졌다는 것을 알 수 있다. 처음에 사람들은 화전을 통해 경작지를 마련하기 시작했다. 숲에 불을 놓아 나무들을 다 태우고 재는 거름으로 사용했다. 이런 식의 토지 활용 기간은 약 3년밖에 되지 않았다. 3년 정도 농사를 지으면 그 땅은 포기해야 했고, 숲이 다시 조성되기까지는 25년 이상이 걸렸다.

이런 활용 형태에 대한 에너지 총계를 작성한다면 불태운 나무들의 에너지 함량도 고려해야 할 것이다. 100살 정도 된 0.01제곱킬로미터의 숲에는 대략 500세제곱미터 가량의 목재가 있다. 에너지 함량으로 따지면 4,500기가줄 정도 된다. 화전으로 일군 밭을 5년간 활용한다고 하면 1년에 약 900기가줄이 배당될 것이다. 한편, 화전으로 개간한 밭에서 한 사람을 먹여 살리기 위한 작물을 재배하려면 면적은 최소한 0.01제곱킬로미터가 필요하다. 거기에 또 다른 노동력 투입을 고려한다면(동물을 사냥하는 것과 같은), 단순한 화전농업의 에너지 소모량은 1인 당 연간 1,000기가줄이 될 것이다. 이것은 물론 불을 놓아서 사냥하는 것보다는 에너지양이 적다. 이후 농경문명이 지속적으로 발전하면서 1인 당 에너지 소비량은 급격히 절감되었고, 이는 인구 밀도의 증가로 이어졌다.

예를 들어 유럽에서는 중세 때부터 삼포식 농업이 널리 시행되면서, 토지는 지속적으로 활용 가능해졌다. 덕분에 농사에 들어가는 1인 당 에너지 소비량이 많이 줄었다. 대신 투입되는 노동력은 늘어났을 것으로 보인다. 토지를 훨씬 더 집중적으로 이용하게 되었기 때문이다. 에너지의 측면에서 볼 때 이는 효율성의 증가를 의미한다. 인간의 목적을 달성하기 위해 정해진 면적에서 더 많은 에너지를 얻고 독점할 수 있게 되니 인구 밀도도 높아졌다.

농업 생산 양식의 중요한 특징은 에너지 총계에서 바이오매스의 이용 비중이 크다는 것이다. 바람과 수력을 활용하는 데는 하루 사용하는 에너지양인 130메가줄 중 0.5메가줄밖에 할당되지 않는다. 바람과 수력이 중요하지 않다는 의미는 아니다. 가령 멀리 운송하는 것은 범선이 없었다면 불가능했을 것이다. 반면 수력은 부차적인 역할을 했다. 수력은 느지막이(약 2,000년 전부터) 활용되기 시작했다. 고대 이집트나 메소포타미아와 같은 많은 농경문명에서는 곡식을 찧을 때도 물레방아가 아니라 맷돌을 이용했다.

농경 생산 양식은 자연을 식민화하는 되돌릴 수 없는 길을 걸었다. 그 말은 자연적인 환경이 갈수록 인공적인 상태로 전환되어 인간의 필요에 부응하게 되었다는 것이다. 하지만 이런 식민화는 이 인공적인 상태를 유지하고자 지속적인 노동력을 필요로 했다. 이 때문에 문화적 자유는 많이 발전하지 못했다. 대폭 식민화된 사회는 멸망하지 않기 위해 이런 상태를 유지할 수밖에 없었고, 이 상태를 떠날 수 없는 틀이 만들어졌기 때문이다.

농경적인 태양에너지 양식은 약 1만 년간 지속되었다. 지금으로부터 약 200년 전에 에너지 이용 양식이 화석에너지로 옮겨 가지 않았더라면 농경적인 태양에너지 양식은 아마 지금도 지속 가능했을 것이다. 기존에 존재하는 에너지 흐름에만 개입해 그것을 목적에 맞게 조정했을 뿐이므로, 에너지 흐름의 규모에는 영향을 끼치지 않았을 것이다.

농경사회가 지속적이며, 고갈되지 않는 에너지 흐름을 이용하긴 했지만, 인간들이 이용하는 것들을 착취하다시피 소모한 것은 사실이다. 이것은 경쟁자 생물의 피해로 이어졌고, 농경지로 활용된 땅은 침식이 촉진되었으며, 인공 관개를 한 경우에는 염화에 방치되었다. 그래서 메소포타미아와 같은 초기 농업 지역은 오늘날에도 불모의 땅이다. 한편, 나일강 계곡이나 양쯔강 유역 등에서는 농업이 수천 년 이상 이어졌다.

농업 문명은 금속과 여타 미네랄 물질을 활용하기도 했다. 미네랄은 농경지에서 상대적으로 높은 농도로 존재했다. 제련과 같은 처리를 통해 더 농축시키면서 소비의 범위를 넓혔다. 날이 갈수록 미네랄을 얻고 처리하는 데는 에너지가 더 많이 투입되었다. 손쉽게 채굴할 수 있는 부분은 이미 다 채굴된 상태여서 점점 더 멀리 가서 찾아야 했고, 농축 정도도 감소했기 때문이다. 미네랄을 채굴하고 제련하고 운송하는 데 에너지가 점점 많이 들어갔으므로, 땔감과 에너지를 보유한 땅도 그만큼 더 많이 필요해졌다.

이로써 농경사회는 에너지 부족에 봉착하게 되었다. 식량, 땔감, 사료, 산업 원료(섬유나 색소 같은 것)를 생산하는 데 필요한 땅은 인구와 생산이 증가하는 만큼 늘어났다.

지하의 숲, 화석에너지 체계의 시작

이렇게 보면 농경사회에서 왜 땅의 면적과 상관없는 에너지원을 활용하는 데 눈독을 들이기 시작했는지 납득이 간다. 화석에너지원, 특히 석탄 때문이다. 석탄을 활용하면 더 이상 땅을 놓고 경쟁하지 않아도 그만이었다. 특정 면적에 들어 있는 에너지는 탄광이 산림보다 한 차원 위였고, '지하의 숲'을 이용하면 지표면은 다른 용도로 이용할 수 있었다.

이런 이점으로 인해 농경사회에서 석탄이 점점 더 많이 활용되기 시작했다. 로마 시대(물론 이탈리아에는 석탄이 나지 않으므로, 북유럽에서만)와 송나라 시대 중국 북서 지방에서도 이용되었다. 하지만 석탄을 간혹 이용하는 것만으로는 화석에너지 체계로 옮아가기에는 역부족이었다. 오랜 세월동안 중대한 기술적인 문제들이 발목을 잡았다.

가장 중요한 문제는 수송이었다. 석탄은 목재보다 밀도가 높아서 뗏목으로 실어 나르는 것이 불가능하다. 수로로 수송하려면 상당한 동력을 가진 배가 있어야 한다. 그리고 매장지 근처에 적절한 수

●
증기펌프가 개발되기 전에는 말들이 움직이는 윈치(권양기)로 광산에 고인 물을 빼주었다.

로, 즉 배가 다닐 수 있는 강이 없는 경우에는(중국이 그랬다) 육로로 수송해야 했다. 그러나 거리가 먼 경우 그 비용이 아주 비싸서 석탄 사용은 채굴지와 가까운 지역으로 한정되었다.

탄광 자체도 또 다른 기술적 문제를 안고 있었다. 습한 지역에 있는 광산은 수직갱도에 자꾸 물이 차는 문제와 싸워야 했다. 안정된 광산이 되려면 물을 빼는 방법을 강구해야 했다. 이것은 청동광산에서는 오래 전부터 겪어온 문제였다. 중세 이래 유럽에서는 이런 문제를 해결하기 위해 동물의 노동력이나 물방아를 활용해 줄에 매단 물동이로 지하수를 퍼내는 '물 기술'을 투입했다.

그러나 이 방법은 에너지 비용이 너무 높았다. 특히 말을 사육하는 비용이 많이 들어갔다. 그나마 주변에 적절한 물줄기도 없는 지역에서는 이 방법도 활용할 수가 없었다. 역학에너지는 몇 백 미터까지는 운송할 수 있지만, 거리가 그 이상이 되어 버리면 마찰 손실이 너무 커졌다.

이런 재래적인 태양에너지를 활용한 배수 방법은 비용이 아주 많이 들어서, 은이나 주석처럼 귀금속을 채굴할 때나 채산성이 있었다. 에너지원을 얻는 것이 목적인 탄광의 경우에 에너지를 그렇게 많이 들여서는 채산성을 맞추기가 힘들었다. 그래서 물 기술을 이용한 석탄 채굴은 지상에 있는 채굴장이나 통로가 아래로 경사진 자연 배수가 되는 탄광에서만 가능했다.

이런 문제가 해결된 것은 18세기 초에 증기펌프가 개발되면서부터였다. 열에너지를 역학에너지로 전환시킨다는 것은 꽤 오래 전부터 나온 발상이라, 농업 문명에서도 전신들이 많았다. 그중 가장 주목을 끌었던 것은 폭발적인 연소로 탄알을 앞으로 튀어나가게 하는 화약이었다. 이것은 18세기에도 이미 1,000년 이상 된 기술이었지만, 군대 외의 곳에서는 거의 활용되지 못했다. 폭발적인 연소 과정을 통제할 수가 없었기 때문이다. 증기팽창 원리를 활용하는 시도들은 고대에도 있었고, 17세기에는 실험적 자연철학을 통해 확산되기도 했다. 하지만 해결해야 할 문제들이 너무 많았고, 그런 문제를 해결하려면 상당한 비용이 들었기 때문에 기술적으로 응용되지는 못했다.

18세기 초반 최초로 활용 가능한, 선도적인 증기펌프를 만든 이는 토마스 뉴커먼이다. 그의 증기펌프는 영국의 광산 지역으로 빠르게 확산되었다. 기술사 문헌에 따르면, 증기 펌프 개발은 수많은 정신적, 문화적, 기술적, 사회적, 경제적 조건을 전제로 한 것이며, 17세기 후반 이래 그런 조건을 갖춘 곳은 북서유럽뿐이었다. 고대의 지중해 문명이나 송나라 시대의 중국, 도쿠가와 시대의 일본 같은 다른 농경 문명에서는 이런 방향으로 나아갈 만한 단초를 갖추지 못했다.

한편, 증기기관은 토마스 뉴커먼 한 사람만의 발명품이라고는 할 수 없었다. 뉴사이언스의 새로운 세계관, 고도로 발달한 유럽 수공업 문화, 자연과학적, 기술적 관심사를 좇을 만큼 재력이 있는 엘리트, 적절한 법적, 경제적 제도, 해외 무역으로 상징되는 상업적이고 개방적인 사고방식이 토대가 된 장기적인 과정의 결과였다.

증기펌프는 석탄을 채굴하기 위한 수단으로 석탄을 이용했다. 에너지 비용이 높았지만 채산성이 있었다. 초기의 증기펌프는 에너지 효율이 1퍼센트 이하였다. 하지만 석탄이나 석탄의 부산물(먼지 또는 판매가 불가능한 석탄 부스러기들)로 불을 땠으므로, 석탄을 더 많이 채굴해서 증기펌프를 작동시키는 비용을 감당할 수 있는 한 증기펌

최초로 광산에 이용된 증기펌프

프를 사용하는 것은 경제적이었다. 증기기관은 탄광이 없었더라면 개발되지 못했을 것이다. 다른 곳에서는 그 높은 연료 비용을 감당할 수가 없었을 것이기 때문이다.

이후 긍정적인 피드백이 이어졌다. 증기펌프를 활용하면서 석탄 채굴량이 더 많아졌고, 이것으로 증기펌프를 더 많이 설치할 수 있었다. 수많은 기술자가 이 과정에 참여해 계속해서 기계를 조립하면서 수십여 년 사이에 경험이 많이 쌓였고 덕분에 기술적 문제점들도 개선되었다. 증기펌프의 열역학적인 효율은 자연스레 증가했다. 덕분에 18세기 후반에는 탄광 외의 지역에서도 증기기관을 활용하게 되었다. 처음에는 증기기관의 문턱이 너무 높아서 탄광 지역에서만 그 문턱을 넘어설 수 있을 정도였지만, 기술이 발전하면서 이런 장애물을 극복하자 다른 영역에서도 거칠 것 없이 활용되었다.

산업화와 화석에너지 체계의 시작

화석에너지 시스템이 형성되는 데 결정적인 역할을 한 두 번째 혁신은 철을 석탄이나 코크스로 제련하게 된 것이다. 여기서는 열에너지를 활용하는 것뿐 아니라 복합적인 화학적 과정이 필요했다. 철을 제련하려면 산화철을 환원시켜 산소를 제거하는 한편, 철과 다른 화학 물질(유황, 인)의 결합을 해체시켜야 한다. 그러려면 높은 온도가 필수적일 뿐 아니라, 환원제도 필요하다. 탄소나 일산화탄소가 환원제가 된다. 이런 문제는 이미 3,000년 전에 목탄으로 해결할 수 있었지만, 철 제련에 석탄을 활용하는 데는 어려움이 있었다. 석탄이나 석탄에서 얻은 코크스로 제련을 하는 경우, 목재나 목탄으로 할 때보다 불순물이 섞이는 정도가 더 심했기 때문이다.

18세기에 이르기까지 철 생산에는 목탄이 활용되었다. 이것은 철 제련에 상당한 땅이 필요하다는 것을 의미했다. 18세기에는 철광석에서 단조된 철 1톤을 얻으려면 약 50세제곱미터의 목재가 필요했고, 이것은 약 0.1제곱킬로미터 규모인 숲의 연간 수확량에 해당하는 양이었다. 생산력에 생태적인 한계가 있었으므로, 철 제련은 전 유럽으로 분산되어 소규모로 이루어질 수밖에 없었다. 영국에서는 오랫동안 석탄, 코크스를 활용한 제련 방법으로 전환하기 위해 많은 실험을 해왔지만, 커다란 기술적 문제들이 버티고 있었다. 그러다가 18세기 후반, 수많은 중간 단계를 거쳐 터득한 교련법을 통해 석탄을 활용해 철을 제조하는 데 성공했다.

석탄을 이용한 철 제련이 시작될 수 있었던 배경에는 석탄 가격의 하락도 역할을 했다. 증기펌프를 사용하면서 석탄 가격이 저렴해진 것이다. 즉 코크스를 활용해서 제련하던 초기 단계에는 목탄을 사용할 때보다 석탄이 더 많이 필요했으므로, 석탄 가격이 높았다면 새로운 교련법은 사용할 수 없었을 것이다. 여기에 증기와 석탄을 결합해주는 또 다른 효과가 있었다. 코크스가 목탄보다 철광석이 많아도 하중을 잘 견딜 수 있으므로, 더 커다란 용광로에서 철을 제련할 수 있었다. '규모의 경제(economies of scale)'가 발생하면서 광로를 만드는 비용과 노동력에 들어가는 비용이 상대적으로 절감되었기 때문이다. 하지만 이 방법에는 또 다른 기술적 문제가 도사리고 있었다. 철 제련, 즉 철 안에 있는 화학적 불순물을 산화시키려면 용광로에 공기를 불어넣는 일이 중요했다. 일산화탄소로 반응을 일으켜 배기가스를 위쪽으로 유도하는 방식이다. 용광로가 작은 경우에는 재래적으로 동물이나 물방아의 힘으로 작동하는 풍구로 공기를 불어넣었지만, 용광로가 더 커지자 풍구만으로는 부족하게 된 것이다. 그래서 증기의 힘으로 작동되는 송풍기가 투입되었다.

코크스를 이용한 철 제련은 값싼 석탄 덕분에 가능했고, 값싼 석탄은 증기펌프를 이용해 채굴된 것이었다. 석탄을 연소해 작동되는 증기기관이 공기를 공급해주었으며, 그 공기로 말미암아 철 제련이 더 대량으로 이루어졌다. 증기기관의 수가 증가하면서 철 수요도 늘어났으며, 철은 석탄, 코크스로 생산되었다. 여기에 마지막으로 철도라는 새로운 운송수단이 더해졌다. 이때부터 기관차에 석탄을 활용할 수 있었고, 철을 활용해 객차와 선로를 만들 수 있었다. 100년이라는 세월을 거치면서 증기기관의 효율성이 증가했다. 이것은 증기기관이 기관차로 이용될 만큼 작아지고, 성능이 좋아진 것에서 말미암은 것이었다. 따라서 석탄과 철과 증기는 서로 분리될 수 없는 하나의 단위를 이루었고, 18세기 후반 중공업 발달의 토대가 되었다.

위에서 살펴본 것처럼 사회 물질대사의 변천에서 석탄으로의 전환은 일련의 신기술들과 떼려야 뗄 수 없음이 분명하다. 석탄 자체는 몇 백 년 전부터 활용된 물질이지만 상대적으로 비중이 적었다. 탄광, 철 제련, 증기기관, 철도로 구성된 기술적, 산업적 복합체로 이어지면서 비로소 새로운 발전의 길을 가능케 한 것이다.

화석에너지 체계의 탄생은 18세기 영국에서 굉장히 복잡한 과정을 통해 전개되었다. 유럽의 다른 지역이나 아시아에서는 유례를 찾아볼 수 없었다. 이것은 자연스럽게 이루어진 것이 아니라, 영국에서만 작용했던 개별적인 과정들이 특이하고 우연하게 결합하면서 가능했던 것이다.

18세기 후반 영국에서 형성되어 19세기에 비교적 빠르게 전 유럽으로 확산된 중공업 부문은 산업화의 물질적 핵심을 이루었다. 한편, 산업화는 새로운 화석에너지 체계와 무관했던 섬유 생산과 같은 다른 부문도 포괄했다. 새로운 화석에너지 체계의 침투에 대항해 고집스럽게 저항했던 것은 바로 농업 부문이다. 농업은 20세기로 접어든 이후에도 한참이나 화석에너지와 무관하게 남아 있었다. 화석에너지 체계는 처음에는 운송 수단, 기계 제작, 공장 생산에 영향을 미쳤기에 중요한 관련 산업은 증기기관과 철 제련이었다.

태양에너지의 앙시앵 레짐(ancien régime: 구제도)에서는 목탄, 즉 바이오매스를 활용해 철을 제련했고, 목탄을 얻으려면 해당하는 토지가 필요했으므로 철 생산은 제한적으로 이루어질 수밖에 없었다. 근대 초기 태양에너지를 활용하던 유럽에서는 1인 당 연간 철 생산량이 2킬로그램에 불과했다. 그나마도 생산량의 대부분은 군대에서 소비되었다(대포, 탄약). 철은 가격이 비싸서 꼭 필요한 곳이 아니고는 활용이 제한된 것이다. 가령 19세기 이전에는 쟁기 자체는 나무로 만들었고, 쟁기 날의 모서리만 철로 만들었다. 부식된 후에는 갈아 끼울 수 있도록 말이다. 삽, 갈퀴, 양동이 등도 마찬가지였다. 이런 사정은 19세기 들어 코크스를 활용한 철 생산이 가능해지면서 변했다. 전에 가격 문제로 사용이 불가능했던 부문에 철이 광범위하게 쓰이게 된 것이다.

특히 극적인 변화는 운송 수단에서 일어났다. 19세기 초까지 해상 수송에는 목재로 만든 범선이 활용되었는데, 기술적인 이유로 최대 2,000톤 급밖에 제작할 수 없었고, 대부분은 약 350톤 급들이었다. 그러나 철로 범선을 만들게 되면서 4,000~5,000톤 급까지도 제작이 가능해졌다. 철 범선은 20세기 초까지 해상 수송의 지주 역할을 담당했다. 이것은 화석에너지 시스템이 증기선의 형태로 도입

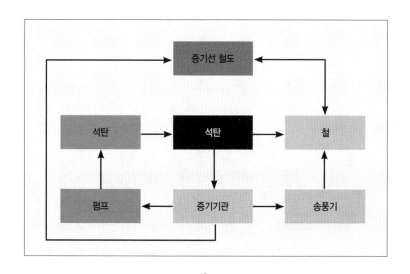

●
산업화의 중심 부문인 중공업의 도식

된 것이 아니라, 오랫동안 철 범선의 형태로 활용되었다는 소리다.

증기선은 중대한 단점이 있어 오랜 세월 활용되지 못했다. 범선은 공짜로 가는 데 반해, 증기선을 운행하려면 연료비가 들었기 때문이다. 석탄을 함께 싣고 가야 하므로 선적량도 줄어들고, 계속해서 석탄을 보충해야 하므로 범선보다 선원이 더 많이 필요해 장거리 운송 수단으로는 적합하지 않았다. 유리한 점은 바람과 무관하게 달릴 수 있어 조종이 가능하고 기동성이 있다는 것뿐이었다. 이런 이유로 처음에 증기선은 소식 수송(우편선), 승객 수송, 전함 등 특별한 목적으로만 활용되었다. 한편, 보통 때는 돛에 의지해 가다가 바람이 없을 때만 비싼 증기 동력을 활용하는 하이브리드 선박도 오랫동안 애용되었다. 20세기까지 속도나 안정성보다는 가격 절감이 중요한 물품 수송(곡식이나 면화 등)의 경우에는 범선이 널리 이용되었다.

●
범선은 오랜 세월 증기선과 공존했다. 그림 속의 City of Glasgow 같은 하이브리드 선박은 19세기 후반까지 있었다.

철로 된 범선을 이용하면서 운송비가 아주 절감되어 유럽 인구는 필요한 식량의 상당량을 수입에 의존하게 되었다. 특히 1900년경 영국은 반 이상의 식량을 해외로부터 들여왔다. 1850년~1950년에는 농작물 수확량이 늘어난 러시아와 아메리카(곡식은 미국, 쇠고기는 아르헨티나)에서 식량을 수입했다.

20세기 중반부터야 유럽의 농업 지역에 화석에너지 체계가 자리를 잡기 시작했다. 산업화의 가장자리에서 '농업 혁명'이 일어나 수확량이 두 배로 늘었지만(1700년~1850년에 0.01제곱킬로미터 당 연간 곡식 생산량이 1톤에서 2톤으로 늘어났다), 그것은 태양에너지의 잠재력을 최대로 활용했기 때문이다. 19세기에 농사에 파고든 유일한 화석에너지 체계의 혜택은 철로 농기구를 만들게 된 것이었다. 농업 혁명을 통해 새로운 형태의 농법을 실험하고 새로운 농작물과 특산

처음에 농업에서 화석에너지 체계의 역할은 철로 된 농기구를 활용하는 것처럼 간접적인 것뿐이었다.

물을 재배하게 되었지만, 농업의 산업화 운운할 정도는 못되었다.

유럽에서 농업 자체는 1950년대까지 옛 태양에너지의 틀에 머물러 있었다. 따라서 농산물 생산에 들어간 에너지보다 수확물에 함유된 에너지가 더 많았다. 노동력 투입도, 생산물도 적었다. 이런 사정은 1950년대부터 급격하게 변했다. 트랙터를 이용한 농업 기계화와 인공 비료를 활용한 농업 화학화가 이루어졌다. 즉 대량의 화석에너지가 직접적(연료의 형태), 간접적(비료와 살충제의 형태)으로 유입되었다. 농사를 돕는 동물은 1960년대에 최종적으로 농업 부문에서 사라졌고, 그 결과 사료를 경작하던 땅도 필요 없어졌다. 이 결과 농업 생산량은 네 배나 늘어났지만(0.01제곱킬로미터 당 곡식 2톤에서 8톤으로), 곡식 생산에 투입된 에너지가 곡식에 함유된 에너지보다 더 많아졌다. 이것으로 농업은 태양에너지를 이용하는 부문에서 물질 변환의 부문으로 옮아갔다. 더 이상 남는 에너지를 활용하는 것이 아니라, 화석에서 나온 에너지를 식량 속의 에너지로 전환하게 된 것이다.

화석에너지 체계는 단선적인 과정을 거쳐서 성립된 것이 아니라 오랜 세월동안 옛 태양에너지 체계와 공존하며 이루어졌다. 화석에너지 체계가 부상하면서 태양에너지 체계는 일정 부분 더 중요성을 획득하기도 했다. 처음에 화석에너지 체계는 태양에너지 체계를 더 많이 활용했다. 운송 체계를 통해 이를 간략하게 살펴보자. 태양에너지를 활용한 옛 육로 수송 체계는 동물을 이용하는 것이었다. 이 경우에는 동물에게 먹일 사료를 재배할 면적이 필요했다. 철도가 발명되자 사육 동물을 대신할 수단이 생긴 셈이므로, 19세기 초 몇몇 사람들은 그 결과 적지 않은 농업 용지를 인간을 위해 활용할

Industrielle Siedlung im Ruhrgebiet

20세기 중반에 이르기까지
전통적인 농업과 산업화가
공존했다.

수 있으리라고 기대했다. 분명 화석 연료로 작동되는 철도는 동물을 활용하지 않고 화물과 사람을 대량으로 실어 나를 수는 있었다. 그러나 기차가 마을까지 들어가지 않고 역에서 끝났으므로, 근거리 운송 수단에 대한 수요가 줄기는커녕, 전체적인 수송량이 증가하면서 전보다 더 늘어났다. 철도는 말들을 몰아낸 것이 아니라, 그 반대였다. 철도가 마차 수요를 더 높였다. 독일에서 말의 수가 가장 많았던 것은 1920년대 중반이었다. 화석에너지 체계 2기로 접어들어 운송 수단이 석유에 의존하게 되면서야 비로소 마차를 끄는 말들도 사라졌다.

말을 즐겨 그렸던 화가 헨리 알켄(Henry Thomas Alken)과 마찬가지로 당시 사람들은 철도가 말을 금세 몰아낼 것으로 생각했다. 하지만 오랜 세월 그런 일은 일어나지 않았다(이 그림은 1841년 작이다).

이런 패턴을 간단히 정리해보자. 화석에너지 체계의 초기 단계에서는 이 체계가 옛 체계를 보완하면서 들어왔다. 그리고 몇몇 요소를 곧장 몰아냈지만(철 제련의 목탄 같은 것), 다른 것들은 과도기적인 성장세로 이끌었다(범선, 마차). 처음에는 아주 성기게 조성되었던 화석에너지 네트워크는 시간이 흐르면서 기술적인 진보를 통해 점점 촘촘해졌고 옛 시스템의 요소들을 점차 경제로부터 밀어냈다. 이것은 인간의 노동에도 비슷하게 적용된다. 초기의 증기기관은 회전 운동을 제공했고, 이를 기계의 연동장치를 통해 각각의 작업 기계로 전달해 기계를 돌렸으며, 복잡하고 섬세한 작업은 인간이 담당했다. 철도가 말의 수요를 증가시켰던 것처럼, 증기기관도 산업 노동자의 수요를 증가시켰다. 그러나 두 경우 모두 과도기적 패턴일 따름이었다. 트랙터와 화물차와 승용차가 결국은 말들을 밀어낸 것처럼 전기와 전자공학에 기초한 기계공학은 결국 육체노동자들을 산업현장에서 몰아낼 것이다.

화석에너지원의 전 세계 사용량은 19세기 초 이래 1,000배나 증가했다. 연간 성장률로 계산해보면 연간 3.5퍼센트다. 산업화는 화석에너지원 이용이 기하급수적 비율로 증가했던 것에 말미암았다. 화석에너지원을 활용함으로써, 산업화 이전의 태양에너지 시스템을 기술적으로 최대한 활용하는 것보다 훨씬 더 많은 에너지를 얻게 된 것이다. 농업적인 한계 생산 체감 법칙은 '규모에 대한 수익(returns to scale)' 원칙으로 교체되었고, 산업적 대량생산은 각 재화의 가격을 하락시켰다. 그러므로 에너지 측면에서 보면 지난 200년간 물질의 양이 기하급수적으로 증가한 이유를 이해할 수 있다.

산업화의 유산

산업화는 화석에너지원뿐 아니라 기초 연구, 응용 연구, 기술과 생산의 혁신 등 역사적으로 새로운 조건이 어우러진 상황에 근거한 것이다. 이로써 에너지양의 증가를 넘어서는 편익의 증가가 이루어졌다. 오늘날 유럽 인구의 1인 당 에너지 사용량은 200년 전의 세 배 정도밖에 되지 않는다. 반면, 물질적인 생활수준은 200년 전보다 엄청나게 상승했다.

우리는 아직 산업화의 초기 단계에 있다. 이 단계는 늦건 빠르건 끝날 것이다. 어쩌면 이번 세기에 끝날 수도 있다. 산업화는 원칙적으로 지속될 수 없는 두 가지 물질적 전제에 근거한다. 첫 번째 과제는 한정된 자원(화석에너지원, 광상)을 사용한다는 것으로, 이런 규모로는 고갈될 것이 분명하므로 지속적인 공급이 불가능하다. 두 번째는 쓰레기기 매립 문제로, 장기적으로는 심각한 환경문제로 이어질 것이다. 화석에너지 시스템과 관련해 매립 문제가 고갈되어 가는 자원보다 더 일찌감치 어려움에 봉착하게 될 것으로 보이는데, 이 같은 사실은 간과되고 있다. 오늘날 사람들은 고갈되는 자원에만 이목을 집중한다.

그러나 초기 산업화가 자원을 고갈시키고, 쓰레기 더미만 남기는 것은 아니다. 산업화의 중요하고 지속적인 유산은 혁신된 학문과 기술의 새롭고 체계적인 방법을 통해 가능해진 효율성의 증가다. 이를 통해 농경사회에서는 가능하지 않았던 학문적 발전의 길이 열릴 수 있었다.

에너지 문제를 해결하는 것은 기타 많은 환경 및 자원 문제를 해결하는 열쇠가 될 것이다. 화석에너지 시스템이 지속 가능한 경제적 토대를 이룰 수 없으므로, 다른 가능성을 모색해야 한다. 이론적으로 두 가지 전망을 생각해볼 수 있다. 하나는 핵융합을 토대로 한 미래의 에너지 시스템을 개발하는 것이다. 수소폭탄이 보여 주는 것처럼 이것은 이론적으로는 가능한 일이다. 그러나 이 기술을 안정적으로 이용할 수 있는 조건에 대해서는 아직도 미지수다. 지난 200년간의 경험이 보여 주듯이 이 기술을 실제 활용하는 문제는 신중에 신중을 기해야 한다.

두 번째 대안은 기술적으로 완벽을 기한, 제2의 태양에너지 시스템이다. 그러나 이 분야에도 해결되지 않은 커다란 문제들이 있다. 재생에너지(바이오매스, 풍력, 수력, 태양광)를 활용하는 방법 역시 어려운 점이 많다. 태양에너지는 풍부하지만, 생물권의 태양에너지 밀도는 낮으므로 경제적인 활용을 위해서는 태양에너지를 한군데로 모아야 한다. 그러기 위해서는 커다란 면적 내지 커다란 질량(둑을 쌓을 때처럼)이 필요하다. 농경사회의 무거운 짐이 되었던 토지 이용 경쟁의 함정에 다시 빠지지 않으려면 효율성이 상당히 증가해야 한다. 따라서 문제의 핵심은 연구에 있으며, 앞으로의 연구 결과는 예측이 불가능하다.

옌스 죈트겐

끔찍한 신, 위험한 기체

앞서의 두 글에서는 역사시대, 선사시대, 지질시대의 이산화탄소 역사를 살펴보았다. 오늘날의 지식을 바탕으로 해 이산화탄소의 역사를 재구성해본 것이다. 그러나 정작 이산화탄소라는 물질이 우리에게 알려진 것은 그렇게 오래되지 않았다. 이산화탄소가 고유의 물질로서 확인된 것은 400년 전, 네덜란드 플랑드르의 의사이자 연금술사였던 얀 밥티스트 반 헬몬트에 의해서였다. 물론 인류는 그 전에도 이산화탄소와 관련된 현상들을 겪기는 했지만, 주로 종교적이고 신화적인 측면에서 해석했다. 이번 글은 아주 오래된 문헌까지 거슬러 올라가 이산화탄소의 흔적을 추적하며, 이산화탄소를 '기후를 망치는 주범'으로 악마화시키는 현재의 인식이, 보이지 않는 공기 속에 정령이나 신이 깃들어 있다고 믿었던 고대의 해석과 그리 다르지 않다는 것을 보여 준다.

마추쿠, 악한 바람

니오스 호수는 서카메룬의 화산 지역에서 가장 아름다운 화구호 중 하나다. 원주민들은 이 호수를 '착한 호수'라고 불렀다. 그러나 1986년 8월 21일 밤 경악스런 일이 일어났다. 주민 요제프 느크파인은 나중에 그 일에 대해 이렇게 묘사했다. "비행기가 추락하기라도 하는 듯, 덜커덩거리고 깨지는 소리가 났어요. 나는 선잠이 든 채 딸이 끔찍하게 코를 고는 소리를 들었죠. 정말 이상하게 코를 골았어요. 딸에게 가다가 나는 쓰러지고 말았습니다. 그리고 다음 날 다섯 시 반에 깨어나서 보니 딸이 죽어 있었어요."

요제프 느크바인이 마을을 둘러보았을 때 이곳저곳에 시체가 나뒹굴었고, 쥐죽은 듯한 고요가 마을을 지배했다. 찌르레기 한 마리 울지 않았고, 파리 한 마리도 윙윙대지 않았다. 곳곳에 꽃봉오리들이 바람에 흔들거리고 있었지만, 꽃봉오리를 맴도는 나비나 벌 한 마리 없었다. 느크바인은 오토바이를 타고 이웃 도시로 달렸다. 이웃 지역에 무슨 일이 일어났는지 까맣게 알지 못한 채 사람들은 정상적으로 북적였다. 느크바인은 병원을 찾아가 무슨 일이 일어났는지 설명하려고 했으나 목소리가 나오지 않았다. 영영 목소리를 잃어버린 것이었다. 다행히 그는 여차저차 뜻을 전달하는 데 성공했고, 소문은 곧 온 도시에 번져나갔다.

몇몇 경찰관과 사제 한 사람이 호숫가의 작은 마을로 출발했다. 그들은 방금 전에 느크바인이 왔던 길을 달렸다. 하지만 호수에서 얼마 떨어지지 않은 곳에 다다른 경찰관들은 사람과 동물을 싹쓸이한 주범이 여전히 그 지역에 있을 거라는 생각을 했고, 자신들의 도시로 걸음을 되돌렸다. 사제만이 사람들의 생명이 달린 일이니 가야 한다고 주장했다. 사제가 홀로 그 지역에 들어갔을 때 호숫가의 마을은 짓누르는 듯한 고요로 가득 차 있었다. 대부분의 집들은 여전히 밤인 것처럼 문이 닫혀 있어 쥐죽은 듯 괴괴했다. 어떤 집 앞에는 가족들이 웅크린 채로 함께 죽어 있었다. 이 사제는 네덜란드 선교사인 텐 호른 신부로, 그는 후에 중성자 폭탄이 터진 것 같았다고 증언했다. "재산의 피해는 거의 없었어요. 그러나 사람, 동물, 새, 곤충 할 것 없이 살아 있는 생명은 거의 멸절되었죠."

사건을 연구한 유럽 지질학자들은 이산화탄소를 주범으로 지목했다. 학자들은 지하 마그마로부터 나와 호수 바닥에 모여 있던 엄

●
니오스 호(카메룬)의 가스 배출 시설. 학자들은 이산화탄소를 빼내기 위해 파이프를 설치했다. 2001년부터 이
산화탄소가 다량 함유된 약 50미터 높이의 물길이 공중으로 치솟으면서 고농도의 이산화탄소가 함유된 가스
를 대기 중으로 내뿜는다.

청난 양의 이산화탄소가 지반이 뒤틀리면서 배출되어 주변 지역으
로 확산되면서 이런 참사가 빚어졌을 거라고 추측했다. 이 사고로
1,765명이 목숨을 잃었고, 소는 3,000여 마리, 염소, 양, 닭은 부
지기수로 희생당했다. 이런 불행이 두 번 다시 반복되지 않도록 학
자들은 2001년부터 가스 배출 장치를 가동시켜 호수로부터 연간
2,000만 세제곱미터의 이산화탄소를 배출시키고 있다.

　중앙아프리카의 몇몇 지역에서는 이와 같은 이산화탄소 누출 현
상을 볼 수 있다. 많은 지역에서는 이를 스와힐리어로 '마추쿠'라고
부른다. 악한 바람이라는 뜻이다. 하지만 니오스 호수 지역 주민들
은 이 사건에 대한 과학적 설명을 곧이 받아들이지 않았다. 오히려
사람들은 유럽화된 주민들이 호수의 신들을 공경하지 않는 것에 분

노한 나머지 신들이 그런 참사를 일으켰다고 믿었다. 특히 이런 불행을 일으킨 장본인으로 호수에 사는 마미 바타라는 여신을 지목했다. 시인인 볼레 부타케는 이런 비극에 충격을 받아, 「Lake God」이라는 연극 작품을 썼는데, 이 작품에서 그는 이산화탄소 때문에 그런 사건이 빚어졌다는 생각을 명백히 거부하면서, 사람들에게 전통 신앙으로 돌아올 것과 호수의 신들을 위해 제물을 바칠 것을 요구했다. 이스라엘, 미국, 유럽 사람들이 호수 속에서 중성자 폭탄 실험을 했다는 설도 퍼져나갔다.

영적인 숨결에 대해

카메룬 니오스 호의 끔찍한 사건은 20세기 한가운데서 일어났다. 이 사건은 인류가 언제 어디서 맨 처음 이산화탄소를 경험했을까, 그때 그들은 어떻게 해석했을까 하는 자문을 하게 한다. 불행의 주범이 가스(기체)였다는 사실을 받아들이지 못하는 주민들을 보며 이런 해석이 결코 모두에게 자명한 것은 아니라는 생각을 해본다.

사실 '가스 형태의 물질'이 있다는 것이 알려진 것은 그리 오래되지 않았다. '가스(기체)'라는 표현도 약 350년밖에 되지 않은 말이다. 이산화탄소(내지 탄산)라는 말이 생긴 지는 200년 남짓이다. 이산화탄소의 역사는 기껏해야 200년~300년에 국한된다는 소리다. 게다가 이것은 서구 세계에 한정된 역사일지도 모른다. 세계 다른 나라의 사람들에게는 '기체'라는 것, 하물며 이산화탄소라는 것은 존재하지 않았을지도 모른다. 아프리카의 이야기가 보여 주듯이 그들은 경험을 전혀 다른 차원에서 해석한다.

아프리카의 해석이 서구의 해석과 많이 다르긴 해도 한 가지 점에서는 일치한다. 바로 모두 끔찍한 것, 무서운 것에 이름을 붙인다는 점이다. 왜 그렇게 할까? 두려움, 공포를 몰아내기 위해서다. 이름이 있는 것은 여전히 두려울지는 몰라도 어쨌든 호소하고, 탄원하고, 저주할 수 있다. 초자연적인 의식, 제사에 그것을 끼워 넣어 그것에 영향을 끼치고, 통제하려 할 수 있고, 그에 대해 물어볼 수도 있다. 이름이 있어야 그 대상에 대해 이야기할 수 있고, 그로 인한 공포와 불안을 친숙한 것으로 변화시킬 수 있다. 가장 끔찍한 공포는 이름이 없다. 그러나 아무리 두려운 것일지라도 이름을 붙이는 순간 그 대상은 가늠할 수 있는 것이 되므로 우리는 평정을 되찾을 수 있다.

이산화탄소 최초의 이름은 신들의 이름이나 악령의 이름이었을 것이다. 물론 많은 경우 지역에 국한된 이름이라, 이탈리아의 '메피티스(mephitis)'처럼 널리 알려진 이름은 몇 안 될 것이다. 메피티스는 예로부터 이산화탄소와 가스 형태의 유황화합물이 분출되던 지방에서 숭배했던 여신의 이름으로, 늪지나 화산 분화구에서 유독한 증기를 내뿜는다고 알려졌다(탄산가스 분출을 의미하는 'mofette'라는 단어는 이 여신 이름에서 따왔다). 이 이름과 이산화탄소라는 명칭을 연결시키는 것은 쉽지 않다. 또한 이산화탄소라는 의미와도 일치하지 않는다. 신들의 이름은 초인적인 것, 무시무시한 것, 초자연적인 것을 표현하기 때문이다. 그러므로 이런 이름은 화학적 명칭과는 다르게 쓰인다. 그럼에도 이번 장에서 살펴보게 될 화학적 명칭은 신들의 이름에서 유래한 것이 있으며, 현대의 화학적 명칭도 고대에서처럼 신비롭고 끔찍한 동시에 매력적인 이름일 수 있다.

이산화탄소의 선사(先史)를 살펴보는 것은 그리 체계적이지 않은 연구다. 자료를 따라 이산화탄소가 분출되었을 가능성이 있는 장소들을 조심스럽게 짚어 나갈 수밖에 없다. 그런 작업에서 많은 것은 추측에 불과하다. 이산화탄소는 다른 물질과 달리 고고학적으로 증명할 수 없기 때문이다. 이산화탄소는 흔적을 남기지 않으므로, 여기저기에서 간혹 그 존재를 예측하곤 했던 보이지 않는 환영을 좇는 것이다.

이산화탄소의 농도가 높은 곳은 어떤 곳일까? 화산 지역, 즉 천연 발효실이다. 거기서 자연은 포도주나 맥주 대신 돌을 발효시킨다. 화산 폭발이 있을 때마다 먼지, 마그마, 다른 많은 기체와 더불어 이산화탄소도 다량 분출된다. 그 밖에도 많은 화산 지역에서는 화산이 활동하지 않을 때도 땅에서 이산화탄소가 나온다. 땅을 깊이 파고들어갈수록 이산화탄소를 만날 확률은 더 커진다. 많은 장소에서 이산화탄소는 뜨거운 지층의 균열을 통해 위쪽으로 올라오기 때문이다.

동굴도 이산화탄소의 농도가 높은 곳이 많다. 지질학적으로 대부분의 석회암 동굴은 이산화탄소 덕분에 탄생한 것들이다(Herman 2005). 그런 동굴은 보통 이산화탄소를 다량 함유한, 화학적으로 아주 공격적인 산성의 물이 바위를 뚫어 통로를 만들면서 탄생한다. 바위 속을 부식시키는 일은 강력한 이산화탄소 없이는 불가능했을 것이다. 어느 순간 물이 다 마르거나 진행 방향을 바꿀지라도, 동굴 속의 공기는 여전히 이산화탄소 함량이 높은 경우가 많다. 한편으로는 이산화탄소가 깊은 곳에서 나와 틈새를 통해 동굴 속으로 이르기 때문이고, 다른 한편으로는 야외와는 달리 이산화탄소가 분해되지 않기 때문이다. 동굴 속에는 이산화탄소를 흡수해 산소로 바꾸는 식물이 없다. 그래서 이산화탄소는 동굴 깊숙한 곳에 모인다. 이산화탄소 중독은 오늘날까지도 동굴 연구자와 동굴을 산책하는 사람, 직업상의 이유로 지하에서 작업하는 사람을 위협하는 가장 큰 위험 중 하나다.

샘과 동굴은 고대 문헌에서 종종 죽음의 나라로 들어가는 입구로 여겨졌다. 그리스인들과 로마인들은 사후 세계를 황금 마차를 타고 다니는 죽음의 신 하데스가 지배하는 지하 세계로 상상했다. 죽은 자들은 사공의 인도를 받아 지하의 강을 통과해 어둠의 세계로 들어가게 된다. 뱃사공은 카론이다. 고대의 묘사에 따르면 카론은 헝클어진 머리에 초록색 피부를 한, 아주 언짢게 생긴 신으로, 망치로 죽은 사람 몸을 쳐서 영혼을 꺼낸다.

지하 세계로 들어가는 제일 유명한 입구는 나폴리의 아베르누스 호수다. 아베르누스 호수는 분화구 호수로, 베수비오 화산 근처의 활화산 지대에 있다. 로마의 영웅 아이네이아스는 이 호수 근처에서 시빌레를 만나, 아버지를 만나러 가려고 하는데 어떻게 지하 세계로 갈 수 있느냐고 묻는다. 그 만남에 대해 베르길리우스는 이렇게 묘사한다. "막 성전에 도착했고 처녀는 이렇게 외쳤다. '예언을 요청할 시간입니다. 신이시여, 보소서, 신이시여!' 그녀가 문 앞에서 그렇게 부르는 동안 그녀의 얼굴, 그녀의 전체 모습은 더 이상 예전의 모습이 아니었다. 머리칼은 헝클어졌고, 숨을 헐떡였으며, 심박동이 쿵쾅거리면서 가슴이 부풀어 올랐다."(베르길리우스, 『아이네이스』, 여섯 번째 노래, p45)

지하 세계로 가는 입구가 어디에 있느냐는 아이네이아스의 질문에 시빌레는 "아베르누스 호수로 가면 내려가기가 쉽습니다. 밤낮으로 지하 세계의 문이 활짝 열려 있지요."(『아이네이스』, p125)라고 말한다. 아이네이아스는 시빌레와 함께 호수로 향한다. "그곳에 커다란 동굴이 있었고, 무시무시하게 가파른 바위벽이 입을 벌리고 있었다. 끔찍한 호수와 어두운 숲들이 입장을 거부했다. 새 한 마리도 무사히 호수를 가로지를 수 없었다. 검은 심연으로부터 유독한 김이 피어올라(talis sese halitus atris faucibus effundens) 창궁으로 올라갔다(그 때문에 그리스인들은 그 장소를 아오르노스라 불렀다)."(『아이네이스』, p240)

『아이네이스』의 여섯 번째 노래는 유독한 증기에 대해 여러 번 언급한다. 또한 시빌레가 있던 동굴에서도 이런 증기가 피어오르는 듯하다. 여기서 이산화탄소가 작용한 것일까? 시빌레의 열광에 이

고대 나폴리의 아베르누스 호수는 지하 세계로 가는 입구로 여겨졌다. 야콥 필립 하케르트의 그림(1794)

산화탄소가 한몫을 한 것일까? 베르길리우스는 여러 차례 시빌레가 숨을 헐떡거리며 가쁜 숨을 쉰다고 적었다. 이것은 이산화탄소 중독의 전형적인 증상들이다. 물론 베르길리우스의 시에서 그 현상은 아주 다르게 해석된다. 바로 아폴론에게 가까이 다가가 그에게 압도된 여신의 모습으로 말이다.

주요 자료를 하나 더 보면, 오래된 신탁소인 델피에서도 이산화탄소 중독이 있지 않았을까 하는 생각이 든다. 고대에 가장 유명했던 델피 신탁소에 대해 몇몇 자료에서는 그곳을 발견한 것은 코레타스라는 이름의 양치기였다고 한다. 코레타스는 염소들이 땅이 갈라진 틈 가까이에 가기만 하면 이상한 행동을 하는 것을 보았다. 염소들

●
델피의 신탁소는 이산화탄소 문화사의 토포스기도 하다. 연구자들은 이곳에 나타난 여러 번의 예언 능력이 이산화탄소 중독 때문이었을 것으로 추정한다.

이 펄쩍 펄쩍 뛰고 이상한 소리를 낸 것이다. 목동이 그 자리에 가자, 그는 곧 예언의 영이 충만해지면서 미래를 예언할 수 있게 되었다. 이웃들에게도 비슷한 일이 일어났다. 이후 수많은 순례자들이 그곳으로 몰려들었다. 예언의 광기 속에서 많은 사람들이 그 틈으로 뛰어들었고 다시는 올라오지 못했다. 이후 델피 사람들은 한 여인을 선택해 모두를 위한 예언자로 삼았다. 그리고 땅의 틈을 메우고, 그 위에 세 발 달린 의자를 가져다 놓고 예언자를 그 위에 앉혔다. 이것은 나중에 이곳에 성전이 세워지기까지 유지되었다. 19세기 이후부터 델피의 신탁소에서 이산화탄소가 작용했던 것이 아닌가 하는 추측이 제기되었다.

미국의 고대 어문학자 요셉 폰텐로즈는 델피의 신탁소와 관련한 추측들을 완강하게 거부했다. 19세기 말, 파르나소스 산비탈의 농가 마을 아래에서 아폴론 신전이 발굴되었을 때 주랑으로 이루어진 직각의 성전 터가 드러났다. 조각상들과 벽들도 드러났다. 그러나 여기서 증기를 뿜는 땅의 균열은 찾아도 나타나지 않았기 때문이다. 반면, 다른 여러 고고학자들은 델피의 신탁소에서 나타났던 현상에 이산화탄소가 작용했다고 본다. 그중 루이기 피카르디는 2008년 상세한 논문을 발표해, 황화수소와 이산화탄소의 혼합물이 지진으로 인해 한동안 델피의 아폴론 신전으로 분출되었다고 주장했다. 피카르디는 이에 대해 여러 지질학적인 간접 증거들을 제시하는데, 솔깃한 것들이기는 하지만, 증거라고 부를 만큼 명확하지는 않다. 어쩌면 예언을 하게 한 것은 이산화탄소가 아니라 진짜 신이었을지도 모른다.

델피에서 정말로 무슨 일이 있었는지에 대해서는 신뢰할 만한 자료가 별로 없다. 그나마 가장 오래된 기록은 아폴론에 대한 호머의 찬가다. 호머는 아폴론이 델피 근처에서 용을 쏘아 죽였으며, 태양 속에서 썩게 두었다고 했다. 이어 아폴론은 다른 이들과 함께 성전을 건립했고 그 이후부터 그 자리에서 예언이 이루어졌다.

후세대 저술가 중 그래도 신뢰할 만한 사람은 플루타르코스다. 플루타르코스는 실제로 몇 년간 아폴론 신전의 제사장으로 활동했기 때문이다. 플루타르코스도 신탁과 관련해서 이산화탄소가 작용한 것으로 보이는 기이한 현상을 언급한다. 「신탁의 실패에 대해(De defectu oraculorum)」의 마지막 부분에서 그는 영적인 김, 피어오르는 연기, 증기, 흐름, 샘에 대해 말한다. 그러나 이런 말들은 우리가 생각하는 순수한 물질이라기보다 영혼과 정신을 위한 표현으로 받아들여질 수 있다. 즉 우리가 아는 기체가 아니라 복합적이고 감정이 실린 무언가를 표현한 것이다. 이런 말들이 암시하는 바가 무엇인지는 현대인도 어렴풋이 느낄 수 있다. 가령 밤에 어디서 왔는지 모를 바람결을 느끼며 화들짝 놀라게 될 때처럼 말이다.

고대의 동굴 묘사를 조금 더 살펴보자. 고대의 여행작가이자 지리학자였던 파우사니아스는 그리스 산악 지대를 소개하는 아홉 번째 책의 9장에서 트로포니오스 굴에 대해 서술한다. 트로포니오스 굴은 그리스 산악 지역인 보이오티아에 있는 신탁소다. 트로포니오스는 아폴로의 아들로, 지하의 신이었다. 전설에 따르면 그는 형과 함께 델피의 신전을 세우고는 형을 죽인 뒤, 레바데이아(지금의 리바디아)의 동굴로 피신했고 그곳에서 죽었다. 트로포니오스는 고대 그리스신화에서 약간 등한시되는 신이다. 『아침놀』의 서문에서 스스로를 현대의 트로포니오스로 묘사한 니체를 제외하면 트로포니오스는 철학에서 별다른 역할을 하지 못했다.

그러나 트로포니오스는 자신을 찾는 사람들에게 미래를 보는 능력을 부여해주었다. 신탁소를 방문하는 자는 신탁을 받기 전에 방대한 준비를 해야 했다. 우선 며칠간 아가토다이몬(풍요의 신)과 티케(행운의 여신)에 바쳐진 집에 머무르면서, 헤르키나 샘에서 정결 의식을 행했다. 굴로 내려가기 전에는 동물 여러 마리를 바쳐 희생제를 지낸 뒤, 그 고기로 연명해야 했는데, 희생제를 행할 때마다 제사장들이 참석해 간이나 내장을 이용해 점을 쳤다. 이런 일련의 준비들을 마치면 신탁 방문자는 산에 있는 동굴로 가 사다리를 타고 땅의 심연으로 내려간 뒤, 좁은 바위틈으로 기어들어갔다. 그곳이 바로 지성소다.

파우사니아스의 서술에 따르면 이곳에서 많은 사람들은 무언가를 들었고, 어떤 사람들은 무언가를 보기도 했다. 대부분의 사람들은 마지막에 의식불명 상태 비슷하게 되었던 듯하다. 이것은 자못 위험한 상황이었다. 신탁 방문자가 다시 그 좁은 틈을 혼자서 빠져나와야 했기 때문이었다. 위로 올라오면 제사장들이 그를 맞이해, 기억의 여신 므네모시네의 보좌에 앉히고 질문을 했다. 이어 신탁 방문자는 가족들의 품으로 돌아가 서서히 의식을 되찾았다. 여기서도 신탁 방문자들이 이산화탄소에 중독되지 않았나 하는 생각이 든다. 이산화탄소 농도가 4퍼센트 이상일 때 나타날 수 있는 중독 증상 중 가장 대표적인 것이 헛소리, 경련, 어지럼증, 심한 신체적 흥분, 이명이기 때문이다.

치명적인 증기(spiritus lethalis)

고대의 동굴 중 몇 개는 이제 아예 찾을 수도 없을뿐더러, 위치가 알려진 다른 동굴들도 더 이상 이산화탄소 농도가 높지 않다. 그것은 물론 특별한 일이 아니다. 고대 문헌에 언급된 많은 샘들이 말라버리고 다른 샘들이 탄생한 것처럼, 기체를 내뿜는 지역들도 사라지고, 또 다른 곳에서 나타날 수 있기 때문이다.

그중 예외적인 곳이 나폴리 근처의 그로타 델 카네라는 동굴로, '개의 동굴'이라 불리는 곳이다. 이제는 말라붙은 호수인 라고 디 아그나노에서 멀지 않다. 플리니우스가 그의 『박물지』 제2권(95장)에서 '자연의 기적들'에 속하는 동굴이 있다고 하면서 언급한 동굴이 바로 이 동굴일 것으로 짐작된다. "시누에사(오늘날 라코에 있는 폐허)와 푸테올리(현재 포추올리) 지역에 치명적인 증기(spiritus lethalis)를 뿜어내는 동굴들이 있다. 대부분의 사람들은 이 동굴들을 증기 동굴이라 부르고, 어떤 이들은 카론의 동굴이라 부른다." 플리니우스는 책을 이렇게 끝맺는다. "유한한 인간으로서 이 모든 일을 보면서 모든 것을 꿰뚫는 신적인 자연의 힘이 여기서는 이렇게, 저기서는 저렇게 계시된다는 것 외에 또 어떤 이유를 댈 수 있으랴." 세네카 역시 원래는 지진에 할애한 『자연연구서』 제6권에서 유독한 증기를 뿜어내는 구멍들(foramina pestilens exhalatur vapor, 28장)에 대해 썼다.

이처럼 치명적인 현상에 spiritus lethalis, vapor pestilens, spiritus motiferum라고 이름 붙인 것은 꽤 합리적으로 보인다. 섬뜩한 현상에 대해 어느 정도의 거리를 둔 표현들이기 때문이다. 중요한 것은 더 이상 이러한 현상을 무조건 신의 작용으로 파악하지 않았다는 것이다. 이런 이름을 통해 불가사의한 현상은 얼마만큼 공기와 관련 있는 것으로 분류되면서 중요한 관념화가 일어났다. 치명적인 증기(spiritus lethalis)는 더 이상 부르기 위한 이름이 아니라, 특성을 묘사하기 위한 이름이 된 것이다. 다음에 소개할 이산화탄소의 이름도 그와 비슷하다. 종교적 영역을 완전히 떠나지는 않았지만, 이 이름은 더 관념적이고, 더 사물화된 이름이다. 바로 얀 밥티스트 반 헬몬트가 도입한 spiritus sylvester라는 이름이다.

거친 기운(spiritus sylvester)

'가스(기체)'라는 표현은 앞서 언급했듯이 네덜란드 플랑드르의 의사이자 연금술사이자 신비주의자였던 반 헬몬트(Johann Baptist van Helmont, 1579~1644)가 만든 것이다. 이 명칭은 1648년 암스테르담에서 나온 반 헬몬트의 글 모음집인 『약제의 기원(Ortus medicinae)』에서 맨 처음 등장한다. 반 헬몬트는 그 책의 한 논문에서 폐쇄된 용기 속에 숯을 넣고 가열한 실험에 대해 보고하면서 이렇게 썼다. "그렇게 하면 녹아서 물이 되지 않지만, 고정되지도 않은 물질과 석탄은 필연적으로 거친 기운과 김(spiritus

반 헬몬트(1579~1644)

sylvester)을 낸다. 즉 떡갈나무 숯 62파운드를 달구면 마지막에 1파운드의 재가 남고, 나머지 61파운드는 거친 기운 또는 거친 김이 된다. 용기를 밀폐하지 않으면 달구어지자마자 금방 날아간다. 나는 지금까지 알려지지 않은 이런 기운에 가스라는 새로운 이름을 붙였다. 용기에 가두어 둘 수도, 다시 보이는 물질로 만들 수도 없다. 그 전에 씨가 말라 버린다."(van Helmont 1683, 1권, p145)

'가스(기체)'라는 이름을 붙인 것은 언뜻 별 일 아닌 것처럼 보이지만, 사실 그것은 근대에 탄생한 가장 중요한 자연과학 개념 중 하나다. 가스라는 개념과 더불어 공기를 연구하고, 공기의 영역을 나누고, 학문적으로 취급하는 것이 가능해졌기 때문이다.

네덜란드의 플랑드르에는 그런 동굴이 하나도 없어서 반 헬몬트는 사람을 질식시키는 동굴을 경험한 적이 없었다. 그러나 그는 연소 과정과 발효 과정에 관심이 지대했다. 덕분에 참나무 숯을 연소시킬 때 보이지 않는 물질이 다량 방출된다는 것과 이 물질이 밀폐된 용기 속에 있을 때 상당한 힘을 펼칠 수 있다는 것을 알았다. 포도주가 발효될 때도 이 물질, 이산화탄소가 방출되어 통을 닫아 놓으면 포도주 통에 상당한 압력을 행사한다. 높이 날아가는 폭탄이나 잘 흔들어진 샴페인 병도 이산화탄소가 엄청난 힘을 가지는 것을 증명한다. 그 에너지로 인해 반 헬몬트는 방출되는 물질에 spiritus sylvester, 즉 '거친 기운'이라는 이름을 붙였고, 일반적으로는 '가스'라고 불렀다.

반 헬몬트는 그리스의 카오스라는 말에서 착안해 가스라는 단어를 생각해냈다. 네덜란드어로 가스라는 단어를 발음해보면 그 연관성을 알 수 있다. 가스는 네덜란드어로는 'chaas'로, 그리스의 '카오스(chaos)'와 비슷한 발음이 난다. 'k'처럼 강하지 않고 부드러운 'ch' 발음이다. 파라셀수스가 카오스에 대해 여러 번 언급했는데, 반 헬몬트가 파라셀수스의 글에서 힌트를 얻어 가스라는 개념에 이르렀다고 보는 주장들이 있다. 반 헬몬트는 정말로 파라셀수르를 열독했다. 하지만 그렇게 보기에는 파라셀수스가 사용하던 카오스라는 용어는 너무 모호했다.

반 헬몬트는 처음으로 가열하거나 발효시킬 때 방출되는 물질을 주변의 공기나 수증기와 대별되는 특별한 것으로 보았다. 반 헬몬트에게 가스라는 말은 다른 물질처럼 중성적인 물질일 뿐 아니라(모든 화학성분의 이런 획일화는 18세기에서 19세기로 넘어가는 세기 전환기에 비로소 이루어졌다) 신체의 가장 은밀한 원칙, 즉 신체 내부 깊숙한 곳에서 생명을 조종하는 기운 같은 것이라 믿었다. 그래서 가스는 인간에게 특히나 위험할 것이라고 여기며 반 헬몬트는 '개의 동굴'의 예와 지하 발효실, 광산에서의 위험을 언급했다. 반 헬몬트는 가스를 흡입하면 그것이 생명에 직접적으로 영향을 미친다고 생각했다. 따라서 그의 가스라는 개념에는 신비로움 같은 것이 깃들어 있었고, 그것은 여전히 고전적인 프네우마(호흡, 생기, 영)의 친척이었다. 용기에 강제로 집어넣을 수도 없는 것이며, 딱딱한 형체로 돌아갈 수도 없는 것이었다. 그러므로 반 헬몬트를 이산화탄소의 현대적 개념의 선구자로 보는 것은 조금 부족한 일이다. 반 헬몬트의 가스 개념에는 아직도 고대적 색채가 짙었다. 그 다음 이름, 즉 '고정된 공기'라는 이름을 얻고서야 비로소 가스는 자연과학적인 대상이 되었다.

반 헬몬트는 자신이 이름을 지은 가스라는 물질에 들어 있는 위험한 힘을 몸소 체험했다. 그 경험에 대해 그는 인간 속의 돌을 다룬 논문에서 다음과 같이 썼다. 그는 당시 65세였고 의학적인 질문들에 천착하고 있었다. "그런 고찰을 하면서 나는 연말의 상당히 추운 시간을 공부방에서 보냈는데, 살을 에는 겨울 추위를 약간 누그러뜨리기 위해 저만치에 이글거리는 숯 조각들을 놓아두었다. 그런데 하인 중 하나가 마침 내게 와서 숯 냄새가 심하다며 숯들을 즉시 치웠다. (……) 그리고 일어나서 방을 나가려고 하는 순간 나는 돌 바닥 위에 쓰러지고 말았다."(van Helmont 1683, 1권, p506)

플랑드르 지방 화가들의 많은 그림 속에 감도는, 네덜란드 겨울의 차갑고 안개 자욱한 공기가 떠오른다. 반 헬몬트는 이산화탄소-일산화탄소 중독으로 인해 수개월 동안 어지럼증과 이명과 심한 메스꺼움에 시달렸다.

고정된 공기

반 헬몬트는 연구를 통해 막 부상하는 자연과학에 엄청나게 넓고 새로운 영역을 열어 주었다. 그는 후세대 연구자들에게 영향을 끼치는 동시에 후배들의 연구에 날개를 달아 주었다. 특히 고체가 가스(기체)를 함유한다는 것을 규명한 것은 후세 연구자들에게 자극제가 되었다. 후세 연구자들은 반 헬몬트의 실험들을 반복했고 새로운 실험들을 고안했다. 설교자 스티븐 헤일스(Stephen Hales, 1677~1761)와 같은 사람들은 가스에 새로운 이름을 붙였다. 헤일스는 당시 많은 영국 성직자들처럼 성직자이자 학자로 실험에 관심이 많았고, 1727년『식물정역학』이라는 저작에 다음과 같이 썼다. "한 조각의 참나무 속살(심재)에서 참나무 조각 부피의 216배에 해당하는 공기가 빠져나갔다. 1세제곱인치의 공간에 압축된 216세제곱인치의 공기는 그 안에 머물러, 정육면체의 여섯 면에 약 9,008킬로미터에 해당하는 힘으로 압력을 가한다. 그것은 엄청난 폭발을 일으켜 참나무를 산산조각내기에 충분한 힘이다." (Hales 1731, p215) 그러나

조지프 프리스틀리(1733~1804)

참나무는 보통 그렇게 산산조각나지 않으므로 헤일스는 이런 공기가 고정되어 있음에 틀림없다는 결론을 내렸다.

또 다른 영국 자연과학자인 요셉 블랙(Joseph Black, 1728~1799)은 그런 종류의 공기를 더 자세히 연구했고 헤일스의 명예를 기려 마지막에 그것을 '고정된 공기(fixed air)'라 명명했다. 이후 몇 십년간 이산화탄소는 고정된 공기라 불리게 되었다. 이산화탄소의 어릴 적 이름이 된 것이다. 이런 새로운 공기의 친척 관계는 나중에야 더 정확히 파악되었다.

이런 '고정된 공기'에 특히 관심을 많이 가졌던 사람은 조지프 프리스틀리(Joseph Priestley, 1733~1804)였다. 1770년에 프리스틀리는 기체(가스)에 대한 연구를 시작하면서 훗날 그에게 지고의 영예를 안겨 줄 학문 영역으로 들어섰다. 프리스틀리는 헤일스가 했던 연구를 계속해 1772년에 가장 오래되고 비중 있는 학술 단체인 영국 로열소사이어티에 상세한 보고를 했다.

프리스틀리는 이런 고정된 공기가 호흡과 연소과정뿐 아니라, 맥주 발효처럼 많은 자연과정에서도 발생한다는 것을 확인했다. 프리스틀리가 거주하는 지역에는 양조장이 많았으므로 고정된 공기에 대한 관심이 솟아났다. 프리스틀리의 관심을 붙잡고 놓아주지 않던 질문은 이러했다. 그는 많은 선배 연구자들과 마찬가지로 고정된 공기(fixed air, 그는 metaphic air라 부르기도 했다)가 맥주가 발효할 때뿐 아니라, 촛불이 연소할 때나 사람들이 호흡할 때도 발생한다는 것을 확인한 바 있었다. 촛불을 폐쇄된 용기 속에서 연소시키면, 촛불은 얼마 못 가 꺼졌고, 그 안에 쥐를 넣으면 질식하는 것으로 보아 초를 꺼뜨린 공기는 동물이 호흡하기에는 부적당한 것이 틀림없었다. 그 공기는 '못쓰게 된' 공기였다. 프리스틀리의 생각에 따르면 이런 공기는 너무 많은 플로지스톤을 받아들였기 때문에 못쓰게 되었다(18세기 무렵의 학자들은 연소할 때 물질에서 플로지스톤이 빠져나가고 재만 남는다고 생각했다).

프리스틀리는 생각했다. 못쓰게 된 공기를 다시 회복시킬 수 있을까? 고정된 공기를 다시 숨 쉴 수 있는 좋은 공기로 만들 수는 없을까? 이런 질문을 제기한 학자가 프리스틀리가 처음은 아니었다. 당시에는 대학에서 진행되는 제대로 된 연구는 없었지만, 남는 시간을 주체하지 못하는 괴짜 귀족들과 한량들이 머리에 떠오르는 모든 문제들에 천착했고 이런 문제를 곧장 해결하고자 열을 올렸다. 살루스 백작이라는 사람도 못쓰게 된 공기를 다시 되살릴 수 있다고 생각해, 냉각해보기도 하고, 돼지창자에 넣어 어느 정도 부드럽게 마사지를 해서 되살려 보려고 하기도 했다. 프리스틀리는 이 모든 것을 조심스럽게 따라해봤다. 그러나 기존의 방법들로 공기가 치료

되지 않는다는 것을 알게 되자, 새로운 방법을 시도했다. 그의 새로운 실험에서 중요한 역할을 한 것은 박하였다. 프리스틀리는 이렇게 혼잣말을 했을 것이다. 박하를 먹고 나면 숨에서 향기로운 냄새가 나고, 박하 잎을 바닥에 몇 장 떨어뜨려 놓으면 방 공기가 한층 상쾌해진다. 그러므로 혹시 박하가 이미 사용해서 탁해지고, 플로지스톤이 넘쳐 나는 공기를 다시 고칠 수 있지 않을까!

당시 영국의 많은 가정에서 박하를 키우고 있었다. 고대 그리스처럼 박하 가지로 화환을 만들지는 않았지만, 차로 끓여 마시고, 향신료로 사용하는 등, 오늘날과 마찬가지로 박하를 효능이 많은 식물로 여기며 널리 활용하고 있었다. 프리스틀리는 못쓰게 된 공기를 채운 유리 용기에 박하 식물 하나를 넣어 두었다. 식물이 곧장 죽지 않도록 물을 약간 준 상태였다. 박하의 부드럽고 유혹적인 향기는 연구에 잠시 한가로움을 허락해주었고 프리스틀리에게 현대 자연과학의 가장 중요한 인식 가운데 하나를 선사해주었다. 그의 논문을 인용하면 다음과 같다. "나는 이어 1771년 8월 17일 박하 한 줄기를 촛불이 꺼진 공기로 들여보냈다. 그리고 그 달 27일, 그 안에서 다시 촛불이 잘 타오르는 것을 발견했다."(Priestley 1778, p50; 참조 Priestley 1774, p52)

박하는 생물을 질식시키는 위험한 공기를 호흡할 수 있는 공기로 바꿀 수 있었다! 작은 초록 줄기는 곡식을 타작하고 남은 지푸라기로 금을 만든 동화 속의 소녀보다 더 멋진 일을 해낸 것이다. 프리스틀리는 호기심에 가득 차서 향기 나는 박하만이 나쁜 공기를 다시 좋게 만드는 힘이 있는 것인지, 아니면 다른 식물들도 똑같은 일을 할 수 있는 것인지를 알아내고자 했다. 그는 온갖 식물을 가지고 실험을 해보았다. 박하의 친척으로, 박하처럼 향기를 풍기는 멜리사(향수 박하)부터 시작해서 악취를 풍기는 식물로도 시험을 해보았다. 그랬더니 악취가 나는 식물도 죽음을 초래하는 공기를 생명을 선사하는 공기로 바꿀 수 있었다. 여기서 향기가 그런 작용을 하는 게 아니라는 것이 드러났다. 프리스틀리는 용기백배해 모든 식물이 살아 있는 동안에는 못쓰게 된 공기를 재생시킬 수 있다고 발표했다. 동물과 인간이 쓰고 난 것을 식물들이 매 시간, 말없이 회복시킨다는 것이었다.

동시대인들은 프리스틀리의 발견이 미치는 엄청난 파급효과를 곧장 알아챘다. 당시 학자들은 아직 경건했으므로, 이런 발견을 통해 조물주의 심오한 지혜를 다시 한 번 깨달았다. 창조주는 다함없는 은혜로 동물과 인간이 호흡할 공기가 어느 순간 바닥나지 않게끔 미리 조치를 취해 놓은 것이다. 호흡할 공기가 모자라지 않도록 식물을 창조한 것이다! 학문이 믿음을 뒤흔드는 대신 믿음을 북돋우는 행복한 세기였다.

프리스틀리가 런던의 로열소사이어티에서 메달을 받을 때, 당시 로열소사이어티 의장은 피뢰침의 올바른 형태에 대해 영국 국왕과 신랄한 말다툼을 벌이기까지 했던, 험상궂고 문학과는 거리가 멀어 보이던 존 프링글(John Pringle, 1707~1782)이었다. 존 프링글은 이 자리에서 평소답지 않게 아주 감동적이고, 이산화탄소의 역사에서 제일 핵심적인 연설을 남겼다. "이런 발견은 우리에게 그 어떤 식물도 쓸데없지 않다는 것을 알려줍니다. 숲의 참나무에서 들판의 곡식에 이르기까지 모든 식물은 인간에게 유익합니다. 특별히 유익해 보이지 않는 식물이라 할지라도, 역시 전체의 일원으로서 공기를 깨끗하게 만드는 데 기여하고 있는 것입니다. 이 점에서는 향기로운 장미도, 독성이 있는 나이트쉐이드(nightshade)도 예외가 아닙니다. 가까운 곳의 식물도, 멀리 사람이 살지 않는 외딴 지역의 식물도 우리에게 모두 유익합니다. 우리가 호흡한 공기를 바람이 그들에게 실어다 주는 것을 생각하면 우리 역시 그들에게 쓸데없지 않습니다."(Pringle 1783, p45)

프리스틀리는 학자였을 뿐 아니라, 기술 발전에 대한 감각도 지닌 사람이었다. 여러 미네랄 천의 효능이 가스, 즉 고정된 공기 덕분이라는 것을 알게 되었을 때, 프리스틀리는 미네랄 물을 인공적으로 제조하고자 했고, 적잖이 흔들어 고정된 공기를 물속에 주입해 최초의 인공적 탄산수를 제조하는 데 성공했다. 그로써 그는 탄산음료 산업의 선구자가 되었다. 프리스틀리는 이렇게 만든 인공 '광천수'를 샌드위치의 고안자로 잘 알려진 샌드위치 백작인 존 몬태규(John Montagu, 1718~1792)에게 헌정했다. 이것으로 두 사람의 고안물인 샌드위치(혹은 햄버거)와 탄산음료(혹은 콜라)가 가까이 만나게 되는 재미있는 형국이 연출되었다고 하겠다. 이 둘의 현대적 버전인 콜라와 햄버거는 산업사회 대중 소비의 상징이며, 이들 상품을 제조하는 회사는 공격적으로 세계화를 주도하는 대표 주자로서 유명한 동시에 악명도 높지 않은가.

그러나 프리스틀리가 자신의 탄산수를 헌정한 것은 샌드위치 백작이 샌드위치를 고안했기 때문이 아니었다. 프리스틀리는 훗날 샌드위치 백작이 샌드위치라는 빵으로 유명해질 거라는 걸 꿈에도 몰랐다. 프리스틀리가 샌드위치 백작에게 향한 것은 샌드위치 백작이 영국 해군의 장군이었기 때문이었다. 프리스틀리는 자신이 만든 소다수가 영국 해군이 당면해 있던 심각한 문제인 괴혈병을 해결해줄 거라고 확신했다. 프리스틀리는 정말로 자신의 소다수가 괴혈병을 예방해준다고 믿었다. 그러나 이산화탄소를 첨가하면 이산화탄소가 병균을 죽여서 물이 더 건강해지기는 해도 괴혈병을 막아 주지는 못한다. 그렇지만 모든 유용한 고안물이 다 기적의 약일 필요는 없으며, 프리스틀리는 자신의 고안품을 결코 상업적으로 이용할 생각이 없었다. 오히려 그는 그 직후 점점 더 좁아져가는 자신의 신앙적 입지로 인해, 종교의 자유를 찾아 미국으로 떠났다.

지금까지 언급한 이산화탄소의 세 가지 이름(spiritus letalis, spiritus sylvestris, fixed air)은 한 가지 공통점이 있다. 일상적인 경험에 기초한 이름이라는 것이다. 이런 이름에서도 객관적인 정황이 드러나긴 하지만, 이 이름들은 실험 영역에 속한 것들은 아니다.

일상생활과 관련된 이름은 19세기로 넘어가는 세기 전환기에 또 다른 이름으로 교체되었다. 그래서 전과는 완전히 다른 이름, 전문적이고 양적인 이론에 기초한 이산화탄소의 새 이름이 탄생했다. 바로 acide carbonique, carbonic acid라는 이름으로, 실험 지식뿐 아니라, 전문가들만이 이해할 수 있는 이론적 지식을 전제로 한 것이다. 이름은 우리를 어딘가로 인도해주는 길이다. 도시에서처럼 서로 다른 지점에서 출발해 같은 장소에 도달할 수도 있으며, 어느 길로 가느냐에 따라 같은 도시라도 완전히 다른 모습으로 보이기도 한다. 그렇다면 이산화탄소는 어떻게 이런 이름을 갖게 되었을까?

이산화탄소(acide carbonique)

다른 모든 물질들과 마찬가지로 프리스틀리의 고정된 공기도 곧 프랑스 화학자 앙투안 로랑 드 라부아지에(Antoine Laurent de Lavoisier, 1743~1794)의 '반 플로지스톤 화학'의 분쇄기로 들어갔다. 유복한 시민이자 세금징수원이었던 라부아지에는 연소 과정이 연소 중에 달아나는 플로지스톤이라는 보이지 않는 물질의 도움으로 일어나는 것이 아니라, 산소와 반응해 결합하는 과정이라는 당시로서 혁명적인 화학적 인식에 이르렀고, 1777년 이 새로운 이론을 발표했다.

그러나 이 이론이 자리를 잡은 것은 혁명의 해인 1789년보다 2년 앞서 라부아지에가 연구 동료인 푸르크루아, 베르톨레와 함께 『화학 명명법』이라는 저작을 내면서였다. 이 책에서 학자들은 많은 화학 물질에 새로운 이름을 붙였는데, 그 물질을 가지고 할 수 있는 화학적 경험이 드러나는 이름들이었다(Ströker 1982, p271~281). 화학사에서 특별한 비중을 갖는 이 책과 더불어 보이지 않는 기체를 화려하고 울림 강한 이름으로 부르던 현상은 종식되었다. 화려한 이름 대신 이제 화학적 구성만을 고려하는 순수 화학적인 이름이 도입되었으니, acide carbonique, 즉 탄산이라는 이름이었다. 기체 형태와 액체 형태는 엄격히 구분되지 않았다(Lavoisier 1787, p149; 참조 Lavoisier 1789, p251, Lavoisier 1796, p300). 라부아지에의 동료 하센프라츠는 나아가 더 단순하게 공식으로 표현하는 기호도 만들었으나, 이 기호들은 받아들여지지 못하고 에피소드로 남았다.

한편, 프리스틀리는 일생동안 '새로운 화학'을 거부했다. 프리스

1789년에 나온 화학명명법. 탄산을 의미하는 'Acide carbonique'라는 이름도 보인다.

틀리는 단순한 플로지스톤 이론 덕분에 자신이 세기의 실험을 할 수 있었다고 느꼈으리라. 프리스틀리가 산화 이론가였다면, 그런 위대한 실험적 아이디어들에 이르지 못했을 것이다.

그러던 중 19세기 초에 베르셀리우스(Jöns Jakob Berzelius, 1779~1848)가 연구에 더 유연하게 부응할 수 있게끔 화학식을 고안했고, 이 화학식은 국제적으로 관철되었다. 베르셀리우스는 탄산도 화학식으로 바꾸어 표기했다. "화학 기호는 언제나 그 성분이 하나일 경우를 표시한다. 여러 개를 표시하고자 한다면, 숫자를 덧붙이면 된다. (……) 탄산(carbonic acid)은 C+2O다." 이런 표현 방식이 때로 불편했으므로, 베르셀리우스는 이를 더 간단하게 CO_2라고 표시해도 좋다고 했다. 베르셀리우스의 화학식은 처음에는 그리 주목을 얻지 못했지만, 19세기가 흐르면서 정착되었다(Klein 2003, p14). 유스투스 폰 리비히는 자신의 글에서 베르셀리우스의 화학식을 이용하되, 지수만 아래로 옮겨 달았고(Klein 2003, p178), 이 방법이 드디어 보편적으로 통용되었다. 많은 단순화 작업 끝에 오늘날 우리가 알고 있는 인상적인 화학식이 탄생했고, 이산화탄소는 CO_2가 된 것이다. CO_2는 H_2O와 더불어 사람들에게 잘 알려진 몇 안 되는 화학식 중 하나다.

이런 표기와 더불어 보이지 않고, 잡히지 않는, 약간 무시무시한 손님은 국제적으로 통용되는 신분증명서를 가지게 되었다. 이런 신분증명서는 이산화탄소가 현대 화학의 아주 정상적인 화학 물질임을 입증해주었다. 이때부터 이산화탄소는 더 이상 특별한 지위를 갖지 않는, 여러 물질 중의 하나가 되었다. 약간 과장해서 말하자면, 이산화탄소는 델피의 아폴론이 화학에 남겨 준 것이라 할 수 있다. 중요한 신의 숨결로 여겨지며 처음에는 반쯤 자연적이고, 반쯤 초자연적인 기운이 되었다가, 마지막에는 물론 세심하게 취급되긴 하지만, 원칙적으로 다른 물질들과 구분이 되지 않는 가스 형태의 물질이 된 것이다.

화학식은 이산화탄소의 배경을 말해주고, 족보를 보여 주며, 탄소와 산소로 구성된다는 것을 말해주었다. CO_2는 이름일 뿐 아니라, 물질을 정확히 드러내어 준다. 이런 이름과 그 바탕의 이론으로 앞으로 모든 연구의 출발점이 될 입지가 구축되었다. 아래에 붙은 숫자 '2'는 원소의 개수를 보여 준다. 그러나 'C'가 무엇이고 'O'가 무엇이며 '2'가 무엇인지 알지 못하는 문외한들에게 이 이름은 도저히 파악할 수 없는 상형문자와 같다. 즉 이 명칭은 기체를 표시해줄 뿐 아니라, 그것이 무엇을 의미하는지, 왜 그렇게 쓰는지를 아는 화학자들과 문외한들을 가르는 경계선이다. 따라서 화학식은 화학자들의 사회적 분화가 더욱 심화되고 있음을 보여 준다. 화학자들은 모든 사물을 보통 사람들과는 다른 시각에서 볼 뿐 아니라, 다른 사람들이 알아듣지 못하는 자신들만의 언어까지 개발한 것이다. 바로 이 점 때문에 화학 언어는 다시 신비성을 띨 수도 있다.

기후 파괴자

이산화탄소를 최초로 '기후 파괴자'라고 부른 것이 언제였는지, 이런 악명 높은 이름을 누가 맨 처음 부르기 시작했는지는 알려지지 않는다. 이 이름은 특히 독일에서 만연해서, 대부분의 사람들은 이산화탄소를 싸잡아 해로운 것으로, 종종은 자연에 반하는 것으로 여기기까지 한다. 이산화탄소는 공장에서만 생산된다고 생각하는 것이다. 우리가 아우크스부르크의 환경과학연구소에서 열린 〈물질로서의 이산화탄소와 그 역사〉전에서 관람객들에게 수돗물 한 컵을 건네며 그들이 보는 앞에서 이산화탄소를 첨가했더니 아무도 그 물을 받으려고 하지 않았다. 많은 사람들은 이산화탄소가 독성이 있다고 생각하는 듯하다.

　이산화탄소는 현재 우리 사회의 위험한 문제들이 농축된 암호처럼 여겨진다. 기후 연구자들의 대다수가 인간이 발생시키는 이산화탄소가 기온 상승에 영향을 미친다고 보긴 하지만, '기후 파괴자'라는 표현이 매우 부당한 말이라는 것 역시 확실한 사실이다. 공기 중의 자연적인 이산화탄소는 온도를 쾌적한 수준으로 유지시켜 주는 기능을 하기 때문이다. 우리가 더욱 친환경적으로 살아야 하는 건 사실이지만, 이산화탄소가 생명에 꼭 필요한 기체라는 것 역시 인정해야 한다. 세간의 이야기들은 과장되어 있고, 각색되어 있으며 주목을 끌기 위해 흑백논리에 호소하므로, 이산화탄소의 양면성을 제대로 담아내지 못하는 경우가 많다. 그래서 오늘날 이산화탄소는 기후 파괴자라는 이름으로 다시 고대의 종교적인 의미의 프네우마가 되었다. 모든 신비로운 이름과 마찬가지로 이 이름 역시 인간이 유발한 기후변화와 기후변화가 야기할 파국에 대한 종말론적인 맥락에서만 의미를 갖는다. 이런 이야기가 학문적으로 터무니없는 이야기라는 것은 아니지만, 한편으로는 매우 단순화되고, 한 가지 책임 소재에만 초점을 두는 전형적인 신화이기도 하다는 것이다.

혹자는 이름이 무슨 상관이냐고 말한다. 그러나 앞으로 이산화탄소의 역사가 이런 마지막 이름에 적잖은 영향을 받을 것은 분명하다.

페트라 판제그라우

미디어에 비친 이산화탄소

이산화탄소는 언론계의 스타다. 대부분의 동시대인에게 이산화탄소는 실질적인 물질이 아니라, 언론에서 다루는 테마로만 다가온다. 이렇게 말할지도 모르겠다. "이산화탄소를 모른다 해도 아무 상관없어요. 알아 두어야 할 것들은 언론에서 죄다 알려 주니까요." 그러나 언론은 이산화탄소에 대해 알아야 할 모든 것을 보도하지 않고, 내보내기에 좋은 것들만 보도한다. 그리고 주지하는 바와 같이 언론에서 다루기에 좋은 뉴스거리들은 선풍적이고, 부정적이고, 알기 쉬운 것들이다. 이산화탄소 역시 늘 특정한 방식으로만 언론에 보도된다. 언어학자 페트라 판제그라우가 이산화탄소의 언론 경력을 따라가 보았다.

1994년 뉴스매거진 〈슈피겔(Der Spiegel)〉은 「기후의 독인 이산화탄소가 환경을 오염시키고 있다」, 「이산화탄소가 지구의 대기를 데우고 있다」 라는 두 편의 기사를 내보냈다(〈슈피겔〉 41/ 1994, p122). 〈슈피겔〉은 이 기사들에서 당시 활발하게 논의되던 주제인, 이산화탄소 배출량 증가가 세계 기후에 미치는 영향을 다루었다. 그런데 이 두 기사를 살펴보면 인간이 유발한 기후변화라는 학문적 문제를 주된 요인 한 가지로 집약한다는 점과 다양한 비유관계를 굉장히 창조적으로 활용하는 언론의 보도 행태가 눈에 띈다. 이 글에서는 언론이 어떤 방식으로 이산화탄소를 테마화하고 관련짓고 있는지를 살펴보려고 한다.

언론의 중요성

대중 매체의 주된 과제가 현실, 또는 사건에서 가능하면 중요한 부분들을 발췌해 전달함으로써 직접적으로 그 사건에 참여하지 않은 시청자나 독자로 하여금 현실에 접근할 수 있도록 하는 것은 예나 지금이나 변함이 없다. 그런 만큼 대중 매체 연구에서는 실제 현실과 매체에서 묘사되는 현실을 비교하고, 보도의 진실성을 연구한 논문들이 속속 발표된다. 이런 연구의 바탕이 되는 생각은, 특히나 뉴스는 현실을 가능하면 사실에 맞게 보도해야 하며, '잘못된' 보도는 그 보도에 의거해 판단하는 사람들을 오도한다는 것이다 (Marcinkowski 1993).

또한, 사회학자들은 현실이란 '객관적으로 존재하는 것'이어서 묘사하기만 하면 되는 것이 아니라, 사회적 구성 과정을 통해 전체 사회에 의해 지속적으로 '창조되는' 것이라는 입장을 취하고 있다. 물론 실제로 존재하는 외적인 현실이 없다는 의미는 아니지만, 거르지 않은 현실은 없으며, 개인마다 각각 자신의 현실을 재구성한다는 의미다. 여기서 언론의 과제는 사회를 관찰하고 다양한 테마를 수집, 선정, 가공해 다른 사람들이 서로 의사소통을 하는 데 그 테마들을 활용할 수 있도록 하는 것이다. 즉 대중 매체는 어마어마하게 많은 뉴스거리들 가운데 그들이 보기에 뉴스 가치가 높은 것들을 선정한다. 뉴스 가치가 높은 뉴스들은 애매모호하지 않고, 부정적이며, 흥미를 자극하는 것들이다. 선정된 뉴스를 보도할 때는 거의 예측할 수 없는 매체 시장에서 다른 기사와 차별성이 있어 청중(독자)들의 흥미를 끄는 것이 중요하며, 매체 수용자들의 경험 수준에 맞아 장기간 주목을 받게끔 적절한 형식을 취하는 것이 중요하다. 경쟁이 치열한 매체 시장에서 살아남기 위해서 신문은 우선적으로 팔려야 하며, 또한 읽혀지고 이해되어야 한다.

인간이 초래한 기후변화의 경우에도 언론은 특별한 역할을 한다. 언론은 기후변화와 관련한 학문과 정치 뉴스들을 공공에 전달한다. 기후변화와 관련한 뉴스는 거의가 학계나 정계에서 나오기 때문이다. 그러나 학문과 정치는 모두 언제나 서로 다른 불확실성 가운데 움직인다. 기후학에서는 인간이 세계적인 기온 상승에 관여하고 있다는 포괄적인 동의가 있기는 하지만, 그로 인해 어떤 결과가 나타날지는 예나 지금이나 불확실하다. 결과가 나타날 확률, 그 규모, 기온 상승으로 인한 결과의 지역적인 편차 등은 명확하지 않다. 미래의 기후 모델을 구성해보려는 수많은 시도가 있었지만, 오늘날까지 부분적 측면에서만 성공을 거두었다. 이것은 정책담당자들이 복잡한 결정 과정에 당면해 있다는 뜻이다. 한편으로 그들은 학문적 불확실성에 근거해 결정위원회를 구성하거나 결정 능력을 갖추어야 한다.

그럼에도 언론은 독자(청중)들이 자신의 보도를 중요하게 생각하도록 제작하고자 한다. 그래서 나는 독일 언론이 이것을 어떻게 해냈는지, 거기서 이산화탄소가 어떤 역할을 했는지를 살펴보려고 한다. 이를 위해 1975년에서부터 2007년에 이르기까지 인류가 유발한 기후변화와 관련해 학문, 정치, 언론 간에 어떻게 의사소통이 이루어졌는지를 방대한 자료에 근거해 분석했다. 분석 대상 언론은 뉴스매거진 〈슈피겔(Der Spiegel)〉, 일간지 〈프랑크푸르터 알게마이네 차이퉁(FAZ)〉, 그리고 〈쥐트도이체 차이퉁(SZ)〉이다.

독일 대중 매체가 바라본 기후변화

인류가 유발한 기후변화에 언론과 공공의 관심이 집중되기 시작한 것은 최소한 1980년대부터였다. 1986년에 독일물리학회(DPG)의 에너지분과모임(AKE)은 "위협적인 기후 파국을 경고"하면서 "지구가 완전히 거주 불가능한 행성이 될 수도 있다."고 알렸다. 이런 호소문 이전에도 많은 학문적 활동과 글들이 산발적으로 정치적 반응과 언론의 관심을 끌긴 했지만, 그때까지는 기후변화라는 주제가 지속적인 관심의 대상이 되지는 못했다. 그런 가운데 등장한 독일물리학회 호소문의 특별한 점은 세계적인 기후 문제에 대해 구체적 결과와 시간까지 제시하면서 상황을 과격하고 단호하게 표현했다는 점이다.

극지방의 평균 표면 온도가 섭씨 9도 정도 상승하면 해수면이 "최대 10미터" 상승할 수 있고 그로써 지구가 물에 잠길 수 있다고 했다. 이런 시나리오에는 "향후 50년간 회복이 불가능하다."며 상대적으로 명백한 시간까지 제시되었다. 호소문에 담긴 긴급한 뉘앙스는 곧장 조치를 취할 필요가 있음을 강조했고, 에너지 정책 변화를 요구하는 목소리는 장기적으로 핵에너지

1986년 〈슈피겔〉지의 표지

이용을 확대해야 한다는 목소리로 귀결되었다. 체르노빌 사고가 일어난 지 몇 달 안 된 시점이라 독일에서 핵에너지에 대한 거부감은 극에 달한 상태였지만 말이다(Weingart et al. 2002/ 2008).

독일 언론들은 특별한 방식으로 반응했다. 그들은 학계에서 나온 기후 재앙이라는 비유를 보도의 기준점이자 좌표로 삼았다. 1980년대에 기후 재앙에 대한 보도는 양적으로 급증했다. 인간의 행동에서 비롯된 기후변화의 원인과 결과에 대해 여전히 학문적인 불확실성이 존재한다는 것은 전혀 보도가 되지 않았다.

언론 보도의 가장 큰 특징은 가설적인 학문적 예측, 즉 불확실한 지식을 확실한 지식인 양 만드는 것이다. 물리학회가 호소문을 낸 뒤 독일 언론에서는 다가오는 기후 재앙의 위험을 앞다투어 드라마틱하게 묘사했다. "재앙은 갑작스레 닥친 것이 아니다. 학자들은 이미 제때 경고를 한 바 있다. (……) 세계적인 기후 재앙은 더 이상 막을 수 없는 일이 되었다."(〈슈피겔〉 33/ 1986, p122), "(……) 기후 재앙의 위협 앞에서 종종 제기되는 질문이 바로 그것이다. 체념은 치명적일 것이며, 결국 인류 멸망으로 이어질 것이다."(〈쥐트도이체 차이퉁〉 1988년 7월 30, 31일)

기후 재앙이라는 비유적인 표현을 통해 언론은 대중의 관심을 얻는 동시에, 정치권에 대한 압력을 높이는 데 성공한다. 기후 재앙에 관한 이전의 학계의 경고 앞에서 대중 매체가 훨씬 더 빠르고 책임 있는 행동을 했더라면 재앙의 규모에 더 긍정적인 영향을 끼칠수 있었을 것을 말이다. 그러나 대중 매체는 부분적으로는 아주 직접적이고 공개적으로, 다양한 학계의 경고들을 한 귀로 흘려버리고 너무 오래 지지부진한 태도를 보였다고 정치인들을 비난했다. 언론의 시각으로 보면 정치인들이 효율적인 행동의 길을 스스로 망쳐 버린 것이었다. "90년대 자동차와 에너지, 화학 기업과 정치 수뇌부에서 미심쩍은 인물들이 어리석게 행동해 우리 후손들의 미래를 망쳐 놓고 있다."(〈프랑크푸르터 알게마이네 차이퉁〉 6, 1994년 5월, p32), "이제 남은 것은 (……) 재앙 관리뿐이다."(〈슈피겔〉 12/ 1995, p19, 21)

언론은 재앙에 대한 문제를 서로 서로 부추기는 양상을 띠더니, 어느 순간 한계에 다다랐다. 점점 더 구체적이고 드라마틱해져 가는 멸망 시나리오들이 언론 보도의 신빙성을 저해하고 독자들을 식상하게 만든다는 증거들이 많이 등장한 것이다. 환경에 관심이 높은 독자층에서마저도 '재앙에 대한 권태 현상'이 나타났다. 그와 함께 언론 기사에 대한 관심이 저하했고, 언론은 떨어지는 관심과 더불어 시장 기회를 잃을까봐 걱정해야 했다.

1990년대 중반 이래 기후 재앙에 대한 언론 보도는 하락세를 보였다. 1997년 7월 25일 〈차이트(Zeit)〉지는 "기후학자들에게 재앙은 사라졌다."라고 결론지었다. 그러자 원래 입장에 대한 회의가 일었고, 반대 입장이 주목을 받았다. 언론은 반대 입장에 대한 관심을 불러일으킴으로써 관심 상실의 위기에 대처했다. 언론의 입장에서 관심 상실은 신빙성 상실보다 더 위험성이 크다. 기후변화가 확실하다고 여기는 학자들과 그것을 의심하는 회의론자들 중 누가 논쟁의 우위를 점하는가는 별로 중요하지 않다. 갈등은 그 자체로서 보도의 가치가 있고, 양극화라는 뉴스 가치에 부합하기 때문이다.

새천년이 시작되면서 다른 테마들이 독일 언론을 달구었다. 늘어가는 실업률과 새로운 국면에 접어든 국제 테러 위험이 미래의 기후변화보다 훨씬 더 위험한 것으로 부각되었다. 오래 전 학계 전반에서 이미 동의한, 기후변화가 이미 시작된 것으로 보인다는 내용의 보도가 있었지만, 그 주제는 1990년대만큼 공적인 관심을 얻지 못했다. 그러다 2007년 초부터 다시 인류가 유발한 기후변화에 대한 공적인 논쟁이 시작되었다. 기후변화국제협의체(IPCC)가 2007년 2월, 4월, 5월에 걸쳐 세 단계로 제4차 보고서를 발표한 것이다. 국내외 정책기관들은 기후변화의 정도와 그 결과에 대해 정기적으로 평가해 발표한다. 2007년 4월에는 유엔(UN) 안전보장이사회가 최초로 영국의 압박 하에 가속되는 기온 상승이 세계평화에 어떤 위험으로 작용하는지에 대해 천착했다. 지금까지 주로 회의적인 태도를 보여 왔던 미국 정부도 2007년 7월 초, G8 정상회담 동안에 교토의정서에 사인할 전망이다*.

2007년 4분의 1분기에 기후변화에 대한 보도가 잦아지면서 이에 대한 언론의 관심은 다시 가파르게 상승했다. 기후변화국제협의체(IPCC)가 언론의 관심을 끌게끔 보고서를 발표했던 것이 이에 한몫했다. 몇 주 간의 간격을 두고, 장소(파리, 브뤼셀, 방콕)를 바꾸어 가며 대대적으로 예고된 기자회견을 통해 보고서를 발표했던 것이다. 이와 동시에 독일에 예외적으로 따뜻한 겨울과 봄이 찾아왔고, 이상 기후와 자연 재해가 맞물려 인간에게서 책임을 묻는 기후변화에 대한 언론 보도가 갑작스레 증가했다. 경고하는 목소리와 이에 회의적인 목소리가 같은 강도로 실렸다. 전에는 기후변화에 대한 회의적 입장이 부수적으로 언급되었다면, 이번에는 회의적 입장

---

*그러나 전망과는 달리 이때 미국 정부는 교토의정서에 서명하지 않았다.

도 훨씬 더 많이 등장하며 거의 동등하게 다루어졌다. 〈슈피겔〉은 IPCC가 세 번째로 보고서를 발표하던 주에 거리를 둔 관찰자 관점에서 IPCC의 논의를 집중보도하고, 「세계양심의 사이렌」이라는 표제 하에 그와 반대되는 입장을 실었다(〈슈피겔〉 18/ 2007, p80). 그리고는 일주일 후 표지에 땀을 흘리는 여자의 모

2007년 〈슈피겔〉지 표지

습을 일러스트로 싣고 "도와줘요... 지구가 녹고 있어요!"라는 말풍선을 넣고 「심한 기후 히스테리」라는 부제를 달았다. 표지를 들추면 곧장 「세계 멸망과의 작별」이라는 논설이 나왔는데, 특히나 명확하게 기존의 입장으로부터의 전환을 보여 주는 기사였다(〈슈피겔〉 19/ 2007). 〈프랑크푸르터 알게마이네 차이퉁〉은 이미 2007년 3월부터 「기후변화는 착각?」(2007년 3월 23일), 「세상에 기후변화보다 자연스러운 일은 없다」(2007년 3월 30일) 등과 같은 제목의 기사들을 내보냈다. 그러나 이는 반발이 시작되었다는 의미는 아니고, 일단은 더 차별성이 있고, 세분화되고, 열린 논의가 가능해졌다는 의미였다.

언론은 기후 재앙이라는 비유와 함께 기후 문제를 장기간 의제로 삼아 다양한 내용들과 연계해 오랫동안 대중의 관심을 유지시킬 수 있었다. 학문적 테마를 한 가지 비유적인 개념에 포커스를 맞추어 단순화, 첨예화시키는 것은 언론이 종종 사용하는 수단이다. 학

문적인 명제에 대한 보도는 극단적으로 단순화된 기사나 드라마틱
하고 자극적인 기사가 되는 경우가 많다. 다양한 주제를 한 가지 개
념으로 결집하다 보니 생겨나는 현상이다. 언론을 살펴보면 보이지
않는 기체 이산화탄소의 중요성과 평가 역시 비슷한 의미 변화를 겪
었다는 것이 드러난다(Weingart et al. 2002/ 2008, Pansegrau 2007).

〈슈피겔〉의 보도에 나타난 이산화탄소

기후학자들이 산업화, 에너지 소비 증가, 교통량의 현격한 증가가
이산화탄소 방출량을 증가시켜 세계 기후에 영향을 끼칠 수 있다고
경고한 것은 이미 1970년대 초였다. 그 이후 학문적 논의는 계속해
서 이어졌고, 이산화탄소는 기후변화를 일으키는 중요한 요인으로
여겨지긴 했지만, 다른 요소들의 역할과 중요성도 계속 비중 있게
연구되었다. 그러나 언론이 이처럼 기후를 결정하는 다양한 요소들
을 전반적으로 보도하는 것은 상당히 힘든 일이었다. 상황이 매우
추상적이고 복잡하기 때문이다.

　언론은 선지식이 없는(지구 물리학에 전혀 문외한이거나 아주 조금밖에
모르는) 대중에게 기후에 대한 전반적인 내용을 테마화시켜야 하는
어려움을 안은 상태에서 광범위한 독자층이 관심을 가지고 이해할
수 있도록 보도해야 했다. 그래서 언론이 선택한 해결책은 그런 복
잡한 상황을 꼭 직접적으로 전달하지 않아도 된다고 믿으며, 복잡
한 테마를 '이산화탄소 문제'로 단순화, 첨예화시킨 것이다. 이런 보
도에 따르면 기후변화는 무엇보다 이산화탄소로 인해 유발된다. 이
해하기 힘든 작용을 하는 다른 요소들(구름, 수증기, 지표면 변화, 태양

복사선 변화 등등)은 계속 무시될 수밖에 없다. 이로써 이산화탄소는 기후변화의 중요한 유발자로 지목되었고, 현대 산업사회와 라이프 스타일이 생산하고 방출하는 '인공적인' 가스인 것처럼 보도되었다. 이산화탄소 방출은 인간의 특성과 행동으로 말미암은 것으로 여겨졌다. 자, 이제 1985년 이래 〈슈피겔〉지가 인간이 유발한 기후변화에 대해 보도한 기사에서 이산화탄소가 어떻게 다뤄지는지 살펴보도록 하겠다.

'인공적인 가스'이자 '유해가스'인 이산화탄소

이산화탄소는 중요한 두 가지 원천을 갖는다. 한편으로는 화석 연료원을 연소하는 과정에서 나오며, 한편으로는 인간과 동물의 호흡 내지 화산 가스 같은 자연적인 과정을 통해 방출된다. 비율상으로 자연에서 생산되는 이산화탄소가 연소 과정 등을 통해 인공적으로 방출되는 이산화탄소의 15배 이상이다. 또한 이산화탄소는 대기 중에 포함되어 꼭 필요한 기능을 하는 기체다. 식물이 이산화탄소를 토대로 광합성을 하기 때문에 이산화탄소는 물이나 마찬가지로 생명에 없어서는 안 될 생명의 영약이라 할 수 있다.

그러나 기후변화를 주제로 한 언론 기사에서는 이산화탄소의 자연적인 발생과 기능 같은 것은 전혀 논의되지 않는다. 이산화탄소는 오히려 산업사회, 현대적인 생활 방식(교통수단 이용, 에너지 소비 등)을 통해 생산되는 인공적인 기체로 치부된다. "(……) 유럽의 산업 중심지들이 대기 중으로 이산화탄소를 날려 보내고 있다.", "이산화탄소를 통해 유발된 기온 상승 효과", "이산화탄소가 흘러나온다."는 식의 말들은 이산화탄소가 완전히 산업 폐기물인 듯한 인상을 준다. "지구의 대기막에서 온실가스가 증가하고 있다.", "이산화탄소 상승 트렌드는 자연적으로 유발된 것이 아니며 인간의 업적이다."와 같은 부드러운 표현들마저도 이산화탄소의 원래적인 중요성을 경시하기는 마찬가지다.

언론 보도에서 이산화탄소는 "온실가스 수위를 지속적으로 높이며", "기후에 악영향을 미치는 가스"로 묘사되고 기후변화는 "어마어마한 이산화탄소 배출"로 인해 "이산화탄소가 공기 중으로 확산되기" 때문에 발생하는 것이라고 설명된다. 이것은 "유해가스가 주변으로 확산되고 있다."는 식의 강한 표현에서 특히 분명해진다. '유해가스'라는 비유로 이산화탄소의 자연적인 방출과 대기를 안정시키는 기능은 깡그리 무시되고, 이산화탄소를 발생시키는 일은 절대로 피해야 하는 듯한 인상을 준다.

이산화탄소 죄인 만들기

〈슈피겔〉지가 이산화탄소의 자연적인 원천에 대해서는 전혀 언급하지 않으면서 이산화탄소를 기후변화의 주범으로 몰고 간 것은 아주 자연스런 일이었다. 그래도 보도 초기에는 "가장 중요한 후보는 이산화탄소다. 이산화탄소가 결정적인 역할을 하는 것으로 보인다.", "인류는 온실가스 배출을 통해 기후를 불안정한 상태로 만드는 일을 결코 방치해서는 안 될 것이다."라며 약간은 신중한 목소리를 냈다. 그러나 이러한 표현이 와전되어 확산되면서 1990년대 이후 이산화탄소는 자연스럽게 세계적 기후변화의 주범으로 내몰렸다.

1980년대까지 "전형적인 온실가스 이산화탄소"라느니 "강력한 온실가스"라느니 하는 표현이 산발적으로 등장하다가 1990년대부터는 "기후를 위협하는 이산화탄소가 지구의 대기를 달구고 있다.", "이산화탄소가 환경을 오염시키고 있다.", "온실가스가 우리 행성의 열을 정체시키고 있다." 등등 상당히 강한 매도와 함께, 원인과 책임을 묻는 말들이 속속 등장했다. 이후 1990년대 초 언론에 기후 파괴자라는 비유가 등장해 다양한 맥락에서 사용되기 시작하면서 이산화탄소는 완전히 범죄자로 몰렸다. "굶주리고 급성장한 인류가 자신만큼 위험한 기후 파괴자를 출현시켰다."며. 이런 논의에서는 인간도 이산화탄소의 짝꿍으로 부각되었다. "인간은 그들의 행동으로 확실한 흔적을 남겼다. (그러나) 피고는 기온을 상승시킨 혐의를 인정하지 않는다."고 했다.

이미 이산화탄소 문제로 단순화된 기후변화 시나리오에, 이산화탄소를 자연적으로 존재하는 기체가 아니라 인공적으로 방출되는 폐기물처럼 취급하면서 이산화탄소의 형량은 더 무거워졌다. 이로써 지구 대기를 구성하고 안정시키는 복잡한 과정은 파악 가능한 현상으로 단순화되었고, 이는 언론 수용자들이 이해할 수 있는 것이 되었다.

이산화탄소는 사람이 만들어 내는 것이다?

메타포는 개별적 은유로 등장할 때보다 종합적인 의미의 집합체로 전달될 때 훨씬 더 효과를 발휘한다. 이산화탄소의 역할에 대한 언론 보도에서 이런 일관성은 이산화탄소 방출을 자연적인 생물학적 과정으로 묘사하지 않고, 인간의 능동적인 개입을 통한 것으로 묘사하면서 효과적으로 완성되었다. 그래서 이산화탄소 방출은 생화학 과정을 통해 일어나는 것이 아니라, 인간의 의도적인 행동으로 말미암은 것이 되었다.

이산화탄소가 인간의 능동적 개입을 통해 유입된다는 것은 수많은 예를 통해 전달되었다. 또한 자연적인 이산화탄소 배출이 의도적인 행동으로 그 의미가 전환된 것은, 인간의 호흡처럼 일상에서 찾을 수 있는 쉽고 생생한 비유적 언어들을 통해 이루어졌다. "유해 가스가 주변으로 날아간다/ 기체가 대기 중으로 날린다/ 유럽의 산업 센터들은 이산화탄소를 대기 중으로 날려 보낸다/ 이산화탄소가 공기 중으로 날아간다/ 독일이 날려 보낸 이산화탄소의 양/ 이산화탄소를 대기 중으로 뿜어낸다/ 온실가스가 대기 중에 흩어진다/ 작업이 끝난 후 배기관을 통해 뿜어지는 이산화탄소" 추상적이고 복잡한 내용을 일상과 관련된 것으로 바꾸어 전달하는 것은 학술적인 내용을 중개할 때 언론이 곧잘 구사하는 방식이다. 수용자의 경험 수준과 연결시키는 것이다. 우리 모두는 "날려 보낸다" "날아간다", "뿜어낸다"는 말이 무엇을 뜻하는지 상상할 수 있고, 생화학 과정을 이렇게 쉬운 표현으로 전달하면 그 내용은 단순화되어 대중에게 쉽게 이해된다.

"이산화탄소가 코르크 마개를 딴 샴페인 병에서처럼 분출될 것이다."와 같은 직유적인 표현도 추상을 단순화시켜서 알아듣기 쉽게 한 것이다. "지속적인 가스 공격은 지구의 얼굴을 바꿀 것"이라는 둥, "끝이 없는 가스 공격"이라는 둥 전쟁에서 차용한 표현들도 있다. "온실가스를 추가적으로 펌프질 한다."느니 "이산화탄소 수위가 높게 조절된다."느니 하면서 기계 분야의 개념을 차용하기도 한다. 이런 은유를 통해 대기물리학적 과정은 대중에게 훨씬 더 쉽게 다가간다.

대기 중의 이산화탄소

온실효과는 우선은 생명을 유지시키는 긍정적인 대기의 기능을 일컫는 말이다. 기후변화라는 주제를 처음 언론에서 다룰 때는 당연하게도 인류가 유발한 문제성 있는 기후변화를 '추가적인' 온실효과라고 정의했다. 그러나 언론의 논의가 진행되면서 이런 정확한 표현은 쏙 들어가고, 온실효과에 대한 긍정적인 의미 같은 것은 깡그리 잊혀졌다. '추가적인' 온실효과를 통해 일어나는 위험한 기후변화는 싸잡아 '온실효과'라고 명명되었고, 자연스럽게 그렇게 불리기 시작했다.

보도가 진행되면서 자꾸만 모순적인 표현들이 등장했다. "행성은 어마어마한 온실로 변한다."는 둥, "두려운 온실로 이어지는 길에 들어섰다."는 둥, "온실효과는 이미 현실"이라는 둥. 사실 온실은 지구를 두르고, 갑옷처럼 작용하는 긍정적인 의미의 막을 말한다. 그러나 기후변화에 대한 언론 보도를 통해 이것은 부정적인 의미의, 침투할 수 없는 위험하고, 폐쇄적인 층으로 변했다. 이런 층을 이루는 물질은 (누가 놀라겠는가마는) 이산화탄소이며, 그것은 위험한 쿠션 내지 구름처럼 지구를 두르고 있는 것으로 여겨진다.

"배기가스 구름/ 점점 더 밀도가 높아가는 미량 기체층/ 어마어마한 기체가 온실 창문처럼 작용한다/ 기체들이 열복사선을 흡수해 지구를 데우고 열 쿠션처럼 지구를 에워싼다/ 이산화탄소가 계곡 위에 드리워 호흡을 힘들게 한다/ 지구라는 우주선은 온실가스에 둘려 우주를 질주한다/ 기체들은 열 쿠션을 만든다" 그리고 "대기는 배기가스 하치장"이다.

지구를 두른 공기층이 보호막이라는 긍정적인 함의는 묻히고 위험한 부분만이 부각되었다. 물질대사에서 이산화탄소가 지니는 자연적이고 생명에 필수적인 기능은 온데간데없이 사라지고 이산화탄소와 관련한 위험성만이 강조되었다. 이런 예에서 흥미로운 것은 온실이라는 메타포는 원래 완결되고 밀도 높은 시스템이라는 인상을 풍기지만, 온실은 대부분 유리로 이루어져 있기 때문에 유리로 된 온실이라는 개념은 손상되기 쉬운 생태 시스템의 특성을 보여 주기도 한다. 자연 환경은 유리로 된 온실처럼 위험에 노출되어 있고 외부의 영향에 손상될 수 있는 건물이나 마찬가지다. 그러나 이산화탄소와 관련한 명칭과 논의에서 언급되는 막의 메타포는 손상 가능성을 오히려 침투하기 어려운 상태로 변화시켰다. 지구는 더 이상 보호하는 온실가스에 둘려 있는 것이 아니라, 이산화탄소라는 어마어마한 구름에 의해 싸여 있는 것처럼 된 것이다.

전망

언어는 매우 역동적인 체계며 끊임없이 현실에 적응하고 발맞추어 갈 것을 요구받는다. 예로부터 언어는 세계사와 인간사에 끊임없이 뒷걸음질 치며 따라갔다. 그런 점에서 언어는 늘 메타포 형식으로 관철된다. 상대적으로 제한된 어휘로 점점 빨라지는 발전과 혁신을 따라잡아야 하기 때문이다. 언론만이 유추법을 사용하는 것이 아니고, 언어생활을 하는 모든 사람들이 유추법을 사용한다. 하지만 언론은 이를 특히나 확실하고 창조적인 방식으로 수행한다. 미지의 내용을 친숙한 언어로 해석할 뿐 아니라, 복잡한 것과 추상적인 것을 단순화시키고 분명하게 만든다. 그렇게 대중은 인간이 유발한 기후변화에 대한 학술 저널리즘을 이해하게 된다.

서두에서 대중 매체는 자신만의 고유한 선별 기준을 개발하고, 어떤 주제를 고유한 방식으로 지각하지만, 한편으로 언론은 뉴스거리의 원천인 사실 자체 또한 지향해야 한다는 이야기를 했었다. 언론은 기후와 이산화탄소에 대한 메타포를 만든 장본인은 아니지만, 언론을 통해 알려지는 메타포는 창조적인 방식으로 언어 시나리오를 구상해, 대중이 이해하기 복잡하고 접근하기 힘든 내용에 접근할 수 있도록 하기 때문이다.

2007년, 기후변화에 대한 인식은 일시적으로 변화하는 듯 했다. 앞서 지적했듯이, 독일의 대표적인 언론들은 변화된 입장을 보였다. 〈슈피겔〉은 「기후 히스테리가 심하다」라는 기사를 표제 기사로 실었고(〈슈피겔〉 19/ 2007), 〈프랑크푸르터 알게마이네 차이퉁(FAZ)〉은 2007년 3월 「기후변화는 착각에 불과한가?」라고 물었다. 이런 입장 변화는 이산화탄소에 대한 생각도 변화시킬 것이다. "이산화탄소 방망이는 우리에게 양심의 가책을 불러일으킨다. 그것은 세금을 더 많이 거두고 말도 안 되는 프로젝트를 추진시키기 위해 정치인들이 활용하는 알리바이다."(〈FAZ〉 2007년 7월 24일, p169)라고 했다. 〈벨트(Die Welt)〉지도 그와 비슷하게 "크리스마스를 앞두고 EU 위원회는 다시금 이산화탄소 방망이를 휘둘렀다. 이번에는 노골적인 벌금 위협과 함께 말이다."(〈벨트〉 2008년 3월 23일)라고 보도했다.

인간이 유발한 기후변화에 대한 공적인 논의는 해결책이 제시되고, 그 해결책이 신빙성 있게 전달되기 전까지는 끝나지 않을 것이다. 결국 문제는 자원을 아무렇게나 사용함으로써 인간 스스로 유발하는 거대하고 궁극적인 재앙이다. 인간들, 그중에서 특히 언론은 어느 정도 새로운 내용을 전달하는 언어를 고안해야 할 것이다. 이것은 이산화탄소를 묘사하고 지각하는 것을 포함한다. 앞으로 언론이 이산화탄소에 어떤 의미를 부과할 것인지 고대된다.

3장

이산화탄소와
기후변화

오늘날 이산화탄소에 대한 관심이 높은 것은 인간에 의한 이산화탄소 방출이 세계적 기온 상승을 촉진한다는 이유에서다. 이런 점에서 이 책이 물질로서의 이산화탄소를 다루는 책이긴 하지만, 기후 현안에 대한 조망이 빠진다면 아쉬울 것이다. 그래서 3장에서는 이산화탄소가 기후 논의에서 어떤 역할을 하는지를 살펴보도록 하겠다.

하이디 에셔-페터와 옌스 죈트겐의 대화

산악빙하는 기후변화의 피해자

기온 상승은 학문적인 방법으로 측정할 수 있다. 그렇다고 기정사실이 되는 걸까? 몇몇 미심쩍어하는 사람들은 "기온이 상승한다는 거, 정말 확실해요?"라고 묻는다. "측정 방법이 바뀌다 보니 그렇게 나오는 거 아니에요?" 그 대답은 우리 스스로도 할 수 있다. 기온 상승은 측정할 수 있을 뿐 아니라, 보고 경험할 수도 있기 때문이다. 특히 알프스의 빙하가 녹고 있다는 사실이 기후변화가 위협적인 현실임을 보여 준다. 빙하학자 하이디 에셔-페터는 고산지대에서 진행되는 기후변화가 얼마나 심각하며, 이것이 우리에게 어떤 결과를 가져다줄 것인지 인상적으로 설명한다.

우리는 아직 빙하기에 살고 있나요?

빙하기를 어떻게 정의하는가에 따라 달라집니다. 단순하게 지구에 얼음이 있는 한 빙하기라고 말한다면 우리는 아직 빙하기에 살고 있다고 할 수 있습니다. 그러나 극지방과 커다란 산맥에 아직 얼음이 있기는 하지만, 1850년경 소위 '소빙하기' 말 이래로 지구는 온난기에 근접하고 있다고 할 수 있습니다. 지구에 얼음이 남아 있는 것은 꽤나 특별한 일이에요. 지구사에서 얼음이 존재하던 시대는 아주 드물었거든요. 이런 특별한 때에 인간이 탄생하고 번성했죠! 하지만 이제 얼음은 사라지고 있어요. 산악빙하는 세계적으로 감소하고 있습니다.

1890년(위)과 2007년(아래) 추크슈피체 산의 빙하 비교. 남쪽 슈네페르너 빙하는 2007년에 부분적으로만(사진 왼쪽) 남아 있다.

정확히 빙하가 무엇인가요?

빙하는 주로 눈으로 이루어져 있어요. 빙하는 '어제의 눈'이라고 할 수 있지요. 조금 더 정확히 본다면 모든 빙하에는 얼음, 만년설, 눈 뿐 아니라 물, 공기, 돌, 심지어 약간의 동식물이 포함되어 있어요. 빙하는 물질수지를 통해 유지됩니다. 끊임없이 대기와 교환 작용을 하는 거지요. 겨울에는 눈이 내려서 빙하가 더 불어나고, 여름에는 햇빛과 열을 통해 눈과 얼음이 감소됩니다. 또한 빙하는 움직여요. 아주 문제가 많은 특성이지요. 최근 몇 십년간 빙하가 더 많이 녹으면서 겨울에 남아 있는 부분은 점점 더 적어지고, 그로써 빙하가 흐르는 속도 또한 느려지고 있어요. 빙하를 산이나 비탈에 있는 끈끈한 꿀 케이크라고 상상하면 돼요. 빙하가 두꺼울수록, 압력은 커집니다. 이 압력에 의해 빙하가 산 아래로 흘러내리지요.

독일에는 빙하가 몇 개나 됩니까?

다섯 개가 있습니다. 모두 바이에른 주에 있지요. 추크슈피체 산에 세 개(북쪽 슈네페르너 빙하, 남쪽 슈네페르너 빙하, 휠렌탈 빙하)가 있고, 베르히테스가덴 산맥에 블라우아이스(blaueis)와 바츠만 빙하가 있어요. 다섯 개의 빙하들은 알프스 산맥의 가장 북쪽에 위치한 것들이에요. 대다수의 빙하는 다른 나라에 속한 알프스 산에 있지요.

빙하는 수분대사에서 어떤 역할을 하나요?

중요한 완충작용을 해요. 겨울에는 눈의 형태로 물을 저장시키고, 그 뒤 여름에 비가 내리면 물을 내주지요. 이런 균형 기능은 라인 강에도 아주 중요해요. 베른 고지의 빙하수가 보덴 호수와 바젤 사이를 지나는 아레 강을 거쳐 라인 강으로 흘러들지요. 라인 강은 빙하가 없었다면 완전히 말라버렸을 텐데 빙하 덕분에 계속 물이 흐르는 것입니다.

빙하가 사라지면 어떻게 될까요?

빙하수에 의존하던 강에 물이 흐르지 않으면 수로 교통이 제한될 수 있고, 발전소들도 더 이상 냉각수를 활용하지 못하게 되겠죠. 산업 공정수가 부족해져 산업에도 문제가 생길 거고요. 알프스 지역에는 빙하와 더불어 빙하 지역 등반객들도 사라지면서 중요한 수입원이 사라질 거예요. 영구동토층이 녹아 지반도 변할 테고요. 이것은 아주 폭넓은 문제예요. 알프스 지역에만 국한된 문제가 아니지요. 지금까지 영구동토층은 꽁꽁 언 상태에서 유지되었고, 빙하가 비탈면을 안정시켜 주었죠. 하지만 빙하가 사라지면 이런 안정화 작용도 사라지게 될 것입니다. 오늘날 우리는 앞으로 어떤 일이 일어날 수 있는지를 실감하고 있어요. 스위스 동료들의 말에 따르면 영구동토층 위에 세워진 산악 열차 정거장을 서서히 대량의 콘크리트로 지지해줄 필요가 있다더군요.

다른 지역의 빙하 의존 상황은 어떤가요?

많은 지역이 이곳 유럽보다 더 빙하에 의존하고 있지요. 완전히 빙하수로 살아가는 중국 서쪽 지역을 다녀온 적이 있어요. 중국 신강 성의 수도인 우루무치는 톈샨 산맥의 빙하에서 흐르는 물을 주 음수원으로 활용하고 있어요. 우루무치 시가 빙하수를 완전히 다 소비하기 때문에, 우루무치를 지나서는 강이 깡그리 말라버린 상태예요. 따라서 그곳 주민들은 빙하 녹은 물이 없으면 마실 물이 없어요. 농업용수도 없죠. 그럼에도 그들은 빙하수를 허투루 써요! 예전에 빙하수를 더 늘릴 요량으로 그곳 주민들이 빙하 표면에 그을음을 뿌린 적이 있었어요. 그을음을 통해 빙하가 더 많이 녹기를 기대했던 거죠. 검은 그을음 층이 햇빛을 더 많이 흡수해서 빙하가 더 빨리 녹을 거라고 생각했던 거예요. 하지만 상황은 그렇게 되지 않았죠. 그을음 층이 너무 두꺼우면 오히려 반대의 효과가 나요. 두꺼운 층이 햇빛으로부터 얼음을 보호하기 때문에, 빙하는 더 천천히 녹게 되지요.

빙하에 대한 의존도가 높은 지역이 또 있습니까?

중앙아시아의 광활한 지역도 마찬가지입니다. 히말라야 빙하수가 유입되지 않는다면 여름에 브라마푸트라 강이나 갠지스 강의 물이 훨씬 더 줄어들 거예요. 카자흐스탄이나 우즈베키스탄의 면화 생산도 빙하수가 없으면 불가능해질 거고요. 미국 중서부의 콜로라도 역시 산악 지역에서 유입되는 물을 이용하고 있는데, 그중 일부는 빙하수죠. 빙하수는 과용되고 있다고 할 수 있습니다.

산악빙하가 인류의 가장 커다란 담수원입니까?

그렇지 않습니다. 세계적으로 볼 때 산악빙하가 차지하는 비율은 아주 적어요. 지구의 대부분의 얼음, 대부분의 담수 자원은 99퍼센트가 극지방에 있어요. 극지방 외의 빙하는 세계 담수의 약 1퍼센트를 차지합니다. 물론 절대적인 양은 여전히 많아서 3,000만 세제곱킬로미터 정도가 되지요. 눈으로 덮여 있는 것까지 계산해서 말이에요.

오늘날 최대의 산악빙하는 어느 지역에 있습니까?

중앙아시아와 알래스카에 있어요. 그곳 빙하들의 면적은 1,000제곱킬로미터 이상이지요. 알프스에서 가장 큰 빙하보다 자릿수 하나가 더 커요. 스위스의 알레치 빙하는 2000년 기준으로 82제곱킬로미터였지요. 현재 바이에른 학술 아카데미의 빙하 분과에서 연구 중인 알프스 외츠 계곡의 페르나크트(vernagtferner) 빙하는 약 8제곱킬로미터로 크기가 중간 정도 되는 빙하입니다. 알프스 빙하의 절반 정도는 1킬로미터도 되지 않거든요.

왜 가장 큰 빙하를 연구하지 않고 중간 크기의 빙하를 연구합니까?

지역적인 이유, 지질학적인 이유, 역사적인 이유 때문이에요. 페르나크트 빙하는 이미 400년 전부터 관찰되었고, 1889년 뮌헨 공대 세바스티안 핀스터발더 교수가 처음으로 페르나크트 빙하 지도를 완성했습니다. 그 이후 정기적으로 이 빙하에 대한 지도가 작성되었지요. 1964년부터는 질량 변화도 매년 측정되고, 1974년부터는 빙하에서 녹아 내려오는 물의 양도 기록되고 있어요. 따라서 빙하 연구의 세 가지 방법 모두가 적용되고 있는 셈인데, 이렇게 연구를 할 수 있는 빙하는 아주 소수입니다. 따라서 빙하로서는 유일하게 독보적인 관찰 기간에 걸쳐 방대한 방법으로 연구가 이루어진 빙하지요. 알프스는 말할 것도 없고, 세계에서 가장 많은 연구가 이루어진 빙하입니다.

알프스 지역의 빙하는 총 몇 개 정도 되나요?

현재 5,000개 정도고, 그 수는 점점 늘어나고 있습니다!

빙하가 녹고 있는데 수가 늘어난다고요?

바로 그 때문이에요. 녹고 있기 때문에 커다란 빙하가 작은 빙하 여러 개로 나뉘는 것입니다.

빙하가 작을수록 더 빨리 녹나요?

보통은 그렇죠. 지역적으로는 녹는 걸 늦추기 위해 노력하고 있지만요. 가령 북쪽의 슈네페르너 빙하에서는 적은 면적을 담요로 덮

슈네페르너 빙하 전경. 성모교회 옆에 빙하를 담요로 덮어 놓은 부분이 보인다.

어서 태양열로 빙하가 녹는 걸 줄이고자 하고 있어요. 물론 빙하 전체를 그렇게 덮을 수는 없고, 봄이나 초여름에 몇 부분만 그렇게 덮지요. 가령 그해 겨울에 스노보드를 즐길 수 있도록 하프파이프를 만들려고 하는 지역을 덮어씌우는 거죠. 또 다른 곳에서는 정설기를 동원해 겨울에 주변의 눈을 빙하 위로 쌓기도 하고, 인공 눈을 만들어서 빙하에 뿌리기도 하지요. 그러나 중장기적으로는 이 모든 조처가 다 소용이 없어요. 영상의 기온에서는 인공 눈도 녹고, 자연 눈은 해발 3,000미터 이상 올라가야 존재하니까요.

사람들은 빙하와의 작별을 늦추려고 노력하네요. 기후변화를 막는 효과적인 조처가 지렛대의 방향을 바꿀 수는 없을까요? 빙하를 구할 수는 없을까요?

그것은 헛된 기대에 가까워요. 겨울 내내 새로운 눈이 1미터 가량 알프스 빙하에 내리면 10센티미터의 얼음이 생겨요. 새로운 눈의 밀도는 얼음의 10분의 1정도니까요. 10센티미터의 얼음은 뜨거운 여름날 하루 만에 녹아내릴 수 있지요! 그러므로 빙하에 어느 정도 도움이 되려면 겨울 강수량이 아주 많아야 하는 동시에 추가적으로 여름에는 습도가 높고, 일조량이 적고, 이상저온이 나타나야 한다는 이야기지요.

빙하가 다 없어질 시기에 대비해 어떤 준비를 할 수 있을까요? 완충 기능을 어떻게 보완할 수 있을까요?

"빙하가 다 없어지면 골짜기에 댐을 만들면 되지."라고 말하는 사람들이 있어요. 빙하의 완충 기능을 인공적으로 모방하겠다는 것이죠. 그러나 이미 이야기했던 안정화 기능이나 여행과 관련된 것 등, 빙하의 다른 많은 기능들은 기술적으로 대치하기가 힘든 것들이죠.

빙하가 지속적으로 녹고 있나요, 아니면 중간에 한 번 씩 회복기도 있었나요?

이미 말했듯이 1850년경 소빙하기 말부터는 세계적으로 빙하가 감소해왔어요. 물론 지난 150년간 알프스와 지구의 다른 지역에서 빙하의 질량이 불어나고 커졌던 시기들도 있었지요. 가령 1900년경이 그랬고, 1920년경에도 부분적으로 그랬고, 1965년에서 1980년 사이에도 다시 한 번 그런 일이 있었어요. 1965년에서 1980년 사이에 빙하가 성장했던 것은 '글로벌 디밍(global dimming)', 즉 지구 차광화 현상이라는 이상한 이유 때문이었어요. 산업화가 진행되면서 먼지와 배기가스가 많아졌고, 그로 인한 대기 오염으로 지구의 태양광선이 차단되어서 온도가 내려갔던 것이죠. 이 시기 늘어난 겨울 강수량으로 불어난 얼음이 여름에 다시 녹지 않고 빙하의 질량으로 굳어졌던 것이지요. 이 때문에 1980년대에 언론에서는 새로운 빙하기가 도래할 위험이 있다는 등 말들이 많았어요! 하지만 대기 정화법이 발표되면서 그런 시기는 자연스럽게 지나갔죠. 독일에서도 대기 정화를 위한 기술적 지침이 마련되었죠.

빙하가 대기 정화의 희생양이 된 셈이로군요.

그렇게 말할 수도 있겠지요.

빙하의 매력은 어떤 것입니까?

좋은 질문입니다! 빙하라……. 빙하를 어떻게 묘사해야 할까요? 저는 우선 얼음의 색깔과 형태가 정말 아름답다고 생각해요. 얼음의 두께에 따라 파르스름한 톤과 푸르스름한 톤의 뉘앙스도 달라지요. 빙하 덕분에 생긴 냇물인 빙하계류가 얼음 위를 굽이굽이 흘러가는 모습도 아름답고요. 빙하 속 동굴에 들어가서 얼음을 뚫고 들어오는 빛을 관찰하는 것은 정말이지 황홀한 일이에요. 또한 현장연구를 갈 때마다 기대되는 것은 커다란 빙하가 제공하는 광활함이죠. 그리고 빙하의 고요함, 변치 않는 항구성. 빙하 앞에서 인간은 그 무엇도 해볼 수 없는 존재죠. 물론 빙하를 연구하고 빙하를 이해할 수 있는 존재기는 하지만 말입니다.

그렇지만 현재 많은 빙하에 상당히 강력한 조치를 취하고 있잖아요? 빙하가 녹는 걸 막으려고 노력하기도 하고요.

알프스에서는 빙하에 방대한 양의 인공 눈을 뿌리는 일을 점점 더 많이 시도하고 있어요. 예전에는 훨씬 컸던 플라타흐(plattach) 빙하의 남아 있는 마지막 부분인, 추크슈피체 산의 북쪽 슈네페르너 빙하에는 13년 전부터 면적의 1퍼센트를 담요로 덮고 있고요. 추크슈피체 철도 회사가 주변의 눈을 모아다 빙하 위에 쌓기도 하고요. 이 빙하에는 정말로 인간의 의지가 많이 개입되고 있죠. 하지만 그다지 소용은 없어요. 빙하를 인공적으로 만들 수는 없어요. 기껏해야 짧은 시간, 아주 제한된 면적이 녹지 않도록 붙잡고 있을 따름이죠.

산악빙하가 언제쯤 다 사라질지에 대한 예측 같은 것이 있습니까?

기후 예측이 확실히 나오면 빙하에 대해서도 더 확실하게 발언할 수 있어요. 지역적, 세계적으로 영향을 끼치는 남극과 북극의 거대한 얼음 덩어리와는 달리, 산악빙하는 기후에 반응만 할 뿐, 스스로 기후를 조절하지는 못하지요. 그런 점에서 산악빙하는 언제나 피해자일 따름이라고 할 수 있습니다. 세계적 기온 상승이 지속되면, 어느 순간 산악빙하들은 모조리 자취를 감추겠지요. 언제쯤 사라질지는 지역마다 차이가 있겠지요. 어떤 곳은 더 빠르게, 어떤 곳은 더 느리게 말이지요.

알프스의 빙하들은 어떻게 될 거라고 보시나요?

알프스 빙하들의 경우 지금과 같은 기후변화가 계속된다고 하면, 현재 남아 있는 약 5,000개 중에서 2050년이 되면 최대 반 정도가 남을 것입니다. 2100년이 되면 규모가 큰 빙하 10개만이 일부 남을 것입니다. 그러나 몇몇 작은 빙하들이 더 오래가지 말라는 보장도 없지는 않아요. 그런 빙하들이 분지 같은 곳에 있어서 태양광선이 잘 들지 않거나, 눈사태를 통해 질량이 계속 보강되거나 하는 경우에는 더 오래갈 수도 있어요. 물론 눈이 충분히 온다는 가정에 한해서 말이지만요. 현재 횔렌탈 빙하가 전형적으로 그런 빙하예요. 상황에 따라 가장 오래갈 수도 있는 빙하지요.

페르나크트 빙하는 어떻게 될까요?

페르나크트 빙하는 한 때 아주 '생동감 있는' 빙하였어요. 그래서 사람들이 일찌감치 그 빙하를 연구하기 시작했어요. 이 빙하의 생동감이 당시에는 위협적으로 느껴졌기 때문이죠. 17세기에서 19세기까지 이 빙하는 여러 번 아래로 돌진했어요. 우선 빙하 위쪽에서 질량이 축적되어 빠른 속도로 계곡 쪽으로 치달았던 것이죠. 오늘날

●
페르나크트 빙하의 얼음 동굴. 얼음 아래를 흐르는 냇물에 의해 형성된다. 그 냇물이 아래에서 빙하를 녹인다. 빙하가 흐르는 속력이 부족해 패인 부분은 더 이상 다른 얼음으로 채워지지 않는다.

페르나크트 빙하는 사실상 정체 상태에 접어들었어요. 기껏해야 1년에 몇 미터 움직일 따름이죠. 그래서 그 아래에 동굴들이 생기고 있어요. 동굴 안쪽은 놀랍도록 아름다워요. 하지만 유감스럽게도 이런 동굴은 빙하가 병들었음을 보여 주는 증상이죠. 빙하가 더 이상 움직이지 않아서, 빙하 바닥의 시내를 통해 씻겨 내려간 얼음 속의 굴곡진 틈을 다른 얼음이 밀고 들어와 채우지 못할 때 그런 동굴들이 생겨나거든요. 동굴이 지금처럼 매년 커지면 그 위의 얼음은 아주 얇아지는 지경까지 이를 것입니다. 그러면 천정이 무너져 내리고, 만에 하나 그때 사람이 굴 속을 지나고 있다면 아주 위험한 상황이 일어나겠지요.

빙하가 더 이상 움직이지 않는 것은 질량이 늘어나지 않아서 운동력이 부족하기 때문이에요. 움직이지 않는 빙하는 그 자리에 머물러 점점 더 크기가 줄어들지요. 그러면 우리는 빙하가 죽어가는 모습을 슬픈 눈으로 바라볼 수밖에 없을 겁니다.

유쿤두스 야코바이트와 옌스 죈트겐

내일의 기후에 대해

기후 연구자들은 기후 모델을 활용해 세계적 기온 상승의 원인이 무엇인지를 확인하고, 앞으로 기후가 어떻게 될지를 전망한다. 기후 모델은 어떤 가정을 세우느냐에 따라 달라지므로 완전히 신빙성 있는 예측은 아니라 하겠다. 그러나 기후 모델은 우리가 앞으로의 기후에 대처하기 위해서는 중요하다. 지리학자이자 기후 연구가인 유쿤두스 야코바이트와 옌스 죈트겐은 내일의 기후에 대한 가장 중요한 질문에 답해준다.

기후 연구가들의 발언은 최근 점점 더 커다란 반향을 일으키고 있다. 무엇보다 인간이 방출한 이산화탄소와 다른 온실가스가 현재 관찰되고 있는 세계적 기온 상승의 주원인이라는 점은 많은 논란을 불러일으키고 있다. 그도 그럴 것이 그 점이 확실하다면 실질적으로 여러 가지 대책을 세워야 하기 때문이다. 그러나 기후 체계는 매우 복합적이며, 여러 학자들은 온실가스 외에 태양이나 기후시스템 내부의 변동 같은 다른 요인들도 기후변화에 커다란 역할을 한다고 말한다.

　다양한 요인들이 기후에 미치는 역할을 알기 위해 기후 연구가들이 진행하는 연구에서는 모델이 중요한 역할을 한다. 여기서 모델이란 실제 상태를 단순화시켜서 시뮬레이션하는 것을 말한다. 필요한 경우 기후변화의 요인들과 주변 조건들의 시간적 변화에 따른 시뮬레이션 모델도 만든다. 대기 외에도 대양, 지표면, 생물권, 빙권(육지 얼음, 빙붕, 대양 얼음) 같은 요소들을 포괄하는 기후 체계를 시뮬레이션한다. 기후라는 복합적인 체계를 모델로 파악할 수 있을까? 기후 모델이 기후 문제에 올바른 답변을 준다고 확신할 수 있을까? 현재의 기후변화에 대한 몇몇 중요한 생각을 살펴보기에 앞서, 이런 질문에 대략적으로 답해보자.

현재 기후 모델의 요소들

처음의 기후 모델은 거의 대기에 집중했다. 대기의 일반적인 순환은 1950년대 이래 소위 GCM(General Circulation Models)이라고 불리는 모델로 시뮬레이션했다. 단기적인 일기예보 모델에서는 대기에 치중하고 해수면 온도, 대양 얼음, 심해 순환과 생물권 같은 서서히 변화하는 조건들은 따로 고려하지 않고 상수로 취급한 반면, 장기적인 기후 모델에서는 이런 조건들을 중요하게 취급했다. 기후는 외부적인 동인(태양 활동, 화산, 인간의 영향) 외에도 이 모든 요인들 간의 복합적인 상호작용의 결과다. 따라서 기후학자들의 과제는 우선 이런 요인들을 모델로서 파악하고 GCM과 연결시키는 것이었다. 1960년대 중반에 나온 최초의 3차원 대양 모델도 그렇게 탄생했다.

그 뒤 점점 수가 늘어나는 부분 모델을 서로 연결시켜 기후 모델로 통합시키는 과정이 여러 단계에 걸쳐 진행되었다. 1980년대에 지표면, 대양, 대양 얼음을 기후 모델에 포함시킨 뒤, 그 다음 10년 동안에는 에어로졸과 이산화탄소 순환을, 그 뒤에는 식물계의 모델과 생물 지구 화학적 순환을 포함시켰다. 오늘날 학자들은 대양과 육지의 생태 시스템 및 인간 사회까지 고려하는 지구 시스템 모델을 개발 중이다.

따라서 오늘날의 기후 모델은 이미 복잡한 기후 시스템의 적잖은 부분들을 파악하고, 현재의 기후와 과거의 기후를 불확실하긴 하지만 점점 더 정확하게 재현해나가고 있다. 이렇게 되기까지는 새로운 발전들이 한몫했는데, 여기서 잠시 그것들을 언급하고 지나가자.

기후 모델의 진보

이와 관련해 세 가지를 언급할 수 있다. 첫째, 기후 모델을 통해 기후 시스템의 수많은 과정을 훨씬 더 잘 재현할 수 있게 되었다는 점이다. 육지와 대기 사이의 교환 과정, 대양 얼음 역학, 에어로졸 현상 등이 그것이다.

두 번째로 다양한 모델들이 대폭 늘어나고, 계산 능력도 상당히 개선되면서 멀티모델 앙상블 기법으로 시뮬레이션하는 것이 가능해졌다는 것이다. 이런 방법은 한편으로는 앙상블 스펙트럼을 통해(조건을 다양하게 바꾸면서 여러 번 계산), 한편으로는 부분적으로 서로 다른 모델의 결과를 비교함으로써 불확실성을 수량화할 수 있게끔 한다. 지역적이지만, 간과할 수 없는 과정을 변수로 취급하는 방식에 따라 아주 다른 기후 모델이 탄생할 수 있다. 그럼에도 대체적으로는 시뮬레이션 모델이 점점 하나로 수렴되어 기후 전개에 대한 신빙성을 더욱 높인다고 할 수 있다.

세 번째로 언급할 것은 공간적 분산에 상당한 진보가 있었다는 점이다. 다음 그림은 1990년 기후변화국제협의체(IPCC) 첫 보고에 등

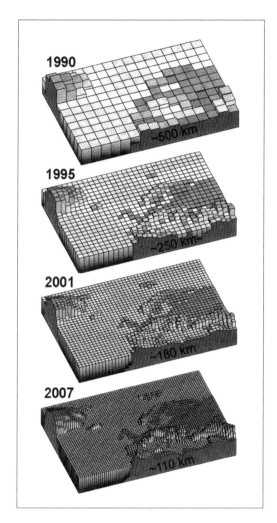

시대별 세계적 기후 모델의
수평 분산(IPCC 2007)

장한 지구 모델의 경우 수평 분산이 약 500킬로미터였음을 보여 준
다. 그러던 것이 2007년의 제4차 IPCC 보고에서는 분산이 100킬로
미터에 근접했다. 이런 전개는 지역적 기후 모델로 보완된다. 지역
적 모델은 소규모 지역에 국한되며, 지구 모델의 영향을 받는 모델
로 부분적으로는 10킬로미터 이하의 분산을 갖는다. 하지만 지역적

모델은 지구적 모델보다 상당히 불확실하다.

인간의 영향

인간들은 화석 연료를 연소시키고, 숲을 벌목하고, 토지를 이용하면서 대기 중의 이산화탄소를 증가시킨다. 기후 연구에서는 탄소 순환의 총계를 간단히 보여 주고자 인간에 의해 방출되는 이산화탄소를 약자 'C'로 표현한다.

인간이 방출한 탄소가 모두 대기 중에 남는 건 아니다. 상당 부분은 대양과 육지 생물권에 흡수되어, 기후에 직접적인 영향을 미치지 않는다. 2007년의 IPCC 보고에 따르면 21세기 첫 5년간 대양과 육지 생물권에 흡수된 이산화탄소의 양은 인간이 토지 이용(숲 개간, 경작, 기타 특수한 활용)으로 방출한 양보다 약 0.9기가톤 더 많았다. 대양에 흡수되는 양은 연간 2.2기가톤에 이르러, 화석 연료로 인해 방출되는 연간 7.2기가톤의 탄소 중 대기에 남는 것은 57퍼센트 정도밖에 되지 않는다.

하지만 이런 양은, 오늘날 대기 중 이산화탄소 농도가 380피피엠 이상으로 산업시대 이전 수준을 약 100피피엠 웃돌아 지난 65만 년 중 최고치를 기록하게 하는 데 충분했다. 지구가 방출하는 적외선이 대기 중의 이산화탄소와 기타 온실가스를 통해 상당량 흡수되고, 그로 말미암아 대기의 역복사가 증가하면서 인간에 의한 온실효과 강화 현상이 나타나고 있다.

인간의 활동에서 비롯된 다른 현상이 온실효과가 강화된 부분을 상쇄시킬 수는 없을까? 알려져 있다시피, 토지 이용에 따른 지표면의 알베도(입사된 일사에 대한 반사된 일사의 비율) 증가와 인간이 방출한 에어로졸(그을음 입자를 제외하고)은 상대적으로 냉각 효과를 유발하는 요인들이다. 숲을 스텝이나 들로 변화시키면, 떨어지는 태양빛이 더 강하게 반사되고, 표면이 흡수하는 에너지는 더 적어진다(하지만 숲에서는 에너지의 많은 부분이 증발에 투입되지 직접적인 기온 상승에 사용되지 않는다). 그리고 대기 중의 미세 먼지 입자들이 햇빛의 일부를 반사하면 지표면 근처는 상대적으로 냉각된다.

그러나 이런 효과의 규모는 매우 불확실하다. 대부분의 에어로졸의 냉각 효과는 에어로졸이 태양빛을 부분적으로 반사하는 한편(직접적인 효과), 구름 형성을 촉진해 알베도를 높이는 것이다. 인간이 유발한 모든 효과를 총계해보면, 에어로졸과 토지 이용을 통한 냉각 효과보다는 장기적인 온실가스의 기온 상승 작용이 더 크다. 게다가 온실가스에 대한 데이터가 대기 중의 에어로졸에 대한 데이터보다 더 정확하다. 그러므로 인간이 미치는 영향이 전체적으로 세계적 기온 상승을 유발한다고 보는 것이 맞을 것이다.

기후변화는 누구의 몫?

위성 측정을 통해 태양에너지의 출력 변화가 0.1퍼센트 내에서 왔다 갔다 한다는 것을 알 수 있다. 태양에너지의 출력은 태양의 흑점 개수가 많을수록 더 커진다. 흑점이 온도가 더 낮다는 것을 감안하면, 예측과 반대가 되는 것이다. 흑점이 많을수록 태양의 활동이 활발해져 플레어 현상이 증가해 온도가 낮은 흑점의 영향을 상쇄시키고도 남기 때문이다. 흑점의 개수는 일정 주기를 두고 증감을 반복하는데, 약 80~90년 주기로 1787년, 1871년, 1957년처럼 최대를 기록한 후 다시 횟수가 줄어드는 글라이스버그(Gleissberg) 변동을 보여 준다.

20세기의 첫 40년간에 해당하는 세계적 기온 상승의 첫 단계 때도 평균적인 흑점 개수와 태양의 총 에너지가 증가했다. 지금까지의 추정에 따르면 이 시기 기온 상승의 약 50퍼센트가 태양에너지 증가와 관련이 있었던 것으로 보인다. 반면 1970년부터 시작된 두번째 기온 상승에서는 태양에너지로 인한 몫이 많아야 3분의 1정도였던 것으로 추정된다(Lean/ Rind 1998). IPCC의 보고(2007)는 태양의 복사에너지 비중을 훨씬 더 적게 보고 있다. 1750년에서 2005년 사이에 태양 복사에너지의 증가는 0.12와트/제곱미터로, 인간이 유발한 복사에너지 증가량 1.6와트/제곱미터의 10분의 1에도 미치지 않았다. 물론 태양의 평균적인 복사에너지에서는 상대적으로 적은 양이 증가했다고 하더라도 지구의 기후를 변화시키기에는 충분하지만 말이다. 그러나 IPCC의 제4차 보고서(2007)의 경우 태양 활동이 미치는 영향에 대한 학문적 이해 수준은 낮았다.

그럼에도 기후변화를 평가함에 있어 중요한 모든 요소를 함께 고려하는 것은 중요한 것으로 드러났다. 다음 그래프는 서로 다른 시뮬레이션 모델을 통해 세계적 기온을 보여 준다. 이 모델에 따르면, 인간 활동으로 인해 심화된 온실효과만 고려한 경우, 약 1960년부터는 실제 관측된 수치보다 기온 상승 폭이 더 심해졌어야 한다. 여기에 기온 상승에 반작용을 하는 에어로졸 효과만 추가해 고려하는 경우는 이미 관측된 기온을 더 밑돌게 되고, 온실효과, 에어로졸 효과와 더불어 태양에너지 변화까지 함께 고려할 때에야 비로소 실제

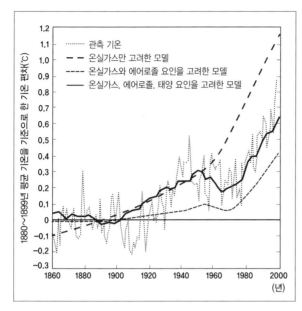

1880년대 중반에서 1899년까지의 평균 기온을 기준으로 한 세계적 기온 변화 (최대 섭씨 2.5도의 민감성으로 모델화된 시간 순서에 따라) (Wigley 2001)

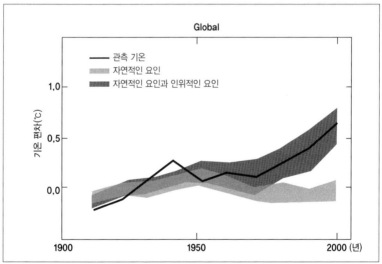

1901년 중반에서 1950년 사이의 관측 기온 변화(━). 서로 다른 기후 모델 시뮬레이션의 대역폭은 5~95퍼센트다.
■ 태양과 화산 요인만을 고려한 5개 모델, 19개 시뮬레이션
■ 자연적인 요인과 인위적인 요인을 모두 고려한 14개 모델, 58개 시뮬레이션(IPCC 2007)

로 관측된 기온 상승 추이와 일치하는 그래프가 탄생한다.

자연적인 요인만을 고려해 전 세계 기온 변화를 계산한 모델과 자연적인 요인과 인위적인 요인을 모두 고려해 계산한 모델을 비교해 보면 최근에 나타난 기온 상승의 원인을 확인할 수 있다. 20세기 초반까지는 모델 간에 차이가 나지 않았으나, 후반기로 오면 기온 상승의 추이가 현저해지면서, 그 원인이 자연적인 것이 아님이 명백히 드러난다. 인간의 몫과 자연의 몫은 크게 차이가 난다.

세계적 기온 상승은 계속될 것인가?

이 질문에는 명백히 대답하기가 힘들다. 기후에 영향을 미치는 자연적인 요인들을 명확하게 예측하는 것은 불가능하며(천문학적 매개 변수를 제외하고는 말이다. 그러나 천문학적 매개 변수들은 최근의 기후변화에서 비중이 적다), 인간 활동으로 인한 영향은 인구 역동성, 세계 경제 발전, 에너지 소비의 규모와 방식, 토지 활용의 형태와 강도 같은 것에 달려 있기 때문이다. 대신에 전 세계의 기후가 어떻게 전개될지 다양한 시나리오를 작성해볼 수는 있다. 앞으로 기후에 영향을 미칠 요인들이 미래에 어떻게 대두될 것인지를 평가해놓으면 기후 전개에 대한 시뮬레이션 모델을 계산할 수 있다. 이것은 매일 매일의 일기예보처럼 실제적인 예측이 아니라, 서로 다른 시나리오에 기초한 가정들이다. 따라서 가정에 좌우되는 제한된 의견이다. 「IPCC 배출 시나리오에 관한 특별보고서(SRES)」에는 수많은 시나리오들이 있는데, 이를 크게 생태 지향적인 버전(시나리오 A), 환경 지향적인 버전(시나리오 B), 세계화 중점 버전(시나리오 1), 지역화 중점 버전(시나리오 2)으로 묶을 수 있다.

이런 다양한 시나리오에 근거한 기후 모델 수가 늘어나면서 이번 세기 말까지 예상되는 기온의 전개가 시뮬레이션되었다(IPCC 2007). 모델의 불확실성을 고려해도, 이번 세기 말까지 평균 기온이 섭씨 6.4도 오를 수 있다는 것이 가장 급진적인 기온 상승 시나리오다(A1FI: 화석 연료 중점 시나리오). 화석 연료로 에너지를 충당하는 비중이 감소되기는커녕 더 늘어난다고 보는 경우다. 반면 전체 모델의 평균적인 기온 상승 예상치는 4도 정도다. 중간 시나리오(가령 A1B: 모든 에너지원의 균형을 벗어난 분포)들의 평균치는 더 낮아져 섭씨 2.8도 상승이 예상된다. 최근의 모델 계산에서 주목할 만한 것은, 온실가스 농도가 2000년 수준에서 변치 않고 유지된다고 해도 기후 시스템의 관성으로 말미암아 전 세계의 기온은 세기 말까지 0.5도 이상 오른다는 것이다.

예상되는 기온 상승의 공간적, 계절적 분산은 중간 정도 시나리오 A1B에서 볼 수 있다. 이 시나리오에 따르면 북반구 고위도 지역의 겨울철 기온은 이전의 전 세계 연평균을 훨씬 웃돌게 될 전망이다.

이 시나리오는 예상되는 인간의 영향만을 고려한 것이지, 기후 체계 안에서의 자연적인 변동은 고려하지 않았다. 가령 10년 간격으로 대기와 대양 간의 상호 작용 변화 등은 고려하지 않은 것이다. 이런 변동을 단순화시켜 포함하는 새로운 모델 연구(Keenlyside et al. 2008)는 다음 10년간 북대서양의 대양 순환이 약해짐으로써 주변 광범위한 공간의 기온 상승을 저지할 것이라는 결론을 냈다. 그러나 일시적으로 그렇게 된다고 하더라도 대양 순환이 다시 활발해지면, 세계적 기온 상승은 한층 가속될 수도 있다.

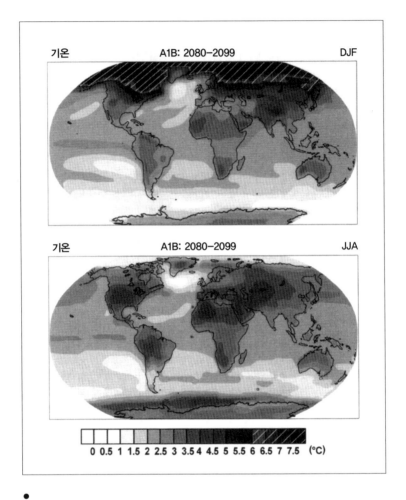

기온　　　　　　A1B: 2080-2099　　　　　　DJF

기온　　　　　　A1B: 2080-2099　　　　　　JJA

0　0.5　1　1.5　2　2.5　3　3.5　4　4.5　5　5.5　6　6.5　7　7.5　(°C)

A1B 시나리오에 의거한 다양한 기후 시뮬레이션 모델의 1980년~1999년 대비 2080년~2099년의 기온 변화 평균치. 위쪽은 겨울(12월~2월: DJF), 아래쪽은 여름(6월~8월: JJA) 예상도(IPCC 2007)

해수면이 상승할까?

바다 얼음만 생각하면 해수면 변동은 없다(물 컵에 든 얼음 조각이 녹는다고 물이 늘어나지 않는 것처럼 말이다). 북극의 얼음은 1970년대 중

218

반 이래로 뚜렷이 줄어들었고, 계속해서 기온이 상승하면 이런 경향도 지속될 것이다. 많은 시나리오에 따르면 북극 얼음은 21세기말 늦은 여름에는 완전히 사라질 수도 있다. 반면 남극 바다의 얼음은 지난 몇 십 년간에 오히려 약간 불어났다. 기온 상승으로 인해 눈이 더 많이 내렸던 탓으로 풀이된다.

바다 얼음과는 달리 육지 얼음의 변화는 해수면에 영향을 준다. 20세기에 세계적으로 해수면이 평균 15센티미터 상승한 것으로 확인되었다(평균적으로 1년에 1.5밀리미터씩). 1993년에서 2003년까지는 한 해 평균 3.1밀리미터씩 상승했다. IPCC(2007)의 예측에 따르면 중간 정도의 시나리오 A1B상으로 21세기 말까지의 해수면 상승은 1980년에서 1999대비 21센티미터 내지 48센티미터에 이를 것으로 보인다(모든 시나리오를 종합한 최저와 최대치는 18센티미터에서 59센티미터 사이).

이런 상승의 원인은 아래 그래프에서 볼 수 있듯이 첫째, 바닷물의 수온이 오를수록 물의 부피가 팽창하기 때문이다. 둘째로는 육지의 빙하와 빙모가 녹기 때문이다. 여기서 중요한 것은 두 곳에 있는 빙상의 역할이다. 그린란드의 얼음은 약간 녹아도 해수면 상승에 어느 정도 기여한다. 반면 남극 대륙의 빙상은 불어나도 해수면을 높이지 않는다. 그 이유에 대해서는 두 가지 입장이 있는데, 한 가지는 계속해서 기온이 상승해도 남극 지방은 기온이 너무 낮아 얼음이 녹지 않는다는 것이고, 또 한 가지는 남극 지방은 기온이 올라가면 강수량도 늘어 얼음 양도 자연스럽게 늘어난다는 것이다.

다음 그림을 보면 해수면 상승에 영향을 미치는 또 하나의 요인은 내륙 빙상의 역학적 불균형이다. 1990년대 중반 이래 그린란드

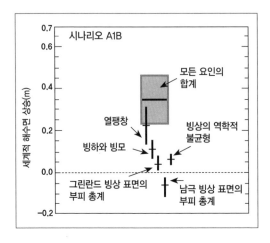

1980년~1999년 대비 2090년 ~2099년까지의 세계적인 해수면 상승 예상치. 다양한 요소들을 포함한 90퍼센트 신뢰구간의 A1B 시나리오다. 빙상의 역학적 불균형 분은 불확실하기 때문에 총량에는 포함시키지 않았다(IPCC 2007).

뿐 아니라 남극의 여러 빙하에서 역동성이 증가한 것으로 나타나, 얼음 유실이 가속되는 것이 아니냐는 추측을 낳았다. 그러나 이것이 일시적 순환 현상인지, 얼음 유실이 심해지는 장기적 현상의 시작인지(IPCC 2007)는 논란이 분분한 상태다. 얼음 유실이 장기적인 현상이라면 아래 그래프의 A1B 시나리오에서 볼 수 있듯이 역학적인 불균형으로 인한 추가적인 해수면 상승이 있을 전망이다. 그러나 아래 그래프에서는 그것을 총량에 포함시키지 않았고 최근에 관찰된 역동성으로 인한 얼음 손실만 계산했다(1년에 약 0.3밀리미터). 따라서 전체적으로 볼 때 21세기 말까지 해수면이 어느 정도 상승할지는 아직 상당히 불확실하다.

강수량은 어떻게 변할까?

20세기에 이미 눈에 띄는 변동이 일어나 여러 지역에서 강수량이 늘어났다. 물론 강수량이 줄어든 지역도 몇 지역 있기는 하다. 그중에는 인도와 남동아시아처럼 강수량이 여전히 많은 지역도 있지만, 사하라 이남 아프리카와 브라질 북동쪽, 지중해 지역처럼 원래부터 물 공급이 빠듯한 지역도 들어 있다는 점이 중요하다.

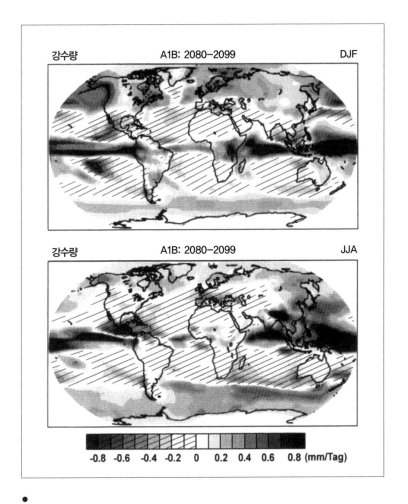

1980~1999년 대비 2080~2099년의 강수량 변화. A1B 시나리오에 의한 서로 다른 기후 모델 시뮬레이션의 평균이다. 위쪽은 겨울인 12월~2월(DJF)에 해당하고, 아래쪽은 여름인 6월~8월(JJA)에 해당한다(IPCC 2007).

앞의 지도를 보면 중간 정도의 A1B 시나리오는 강수량과 관련한 전망이 계절별로 다르다는 것을 알 수 있다. 그러나 전체적으로는 강수량이 늘어날 전망이다. 특히 열대 지방에서는 많이 늘어날 것으로 예상된다. 반면, 강수량이 줄어들 것으로 전망되는 지역도 있다. 이런 지역은 여름에 열대 가장자리 지역과 아열대 지방에서부터 중간 위도 지역까지 연장된다. 독일은 불확실한 지역 기후 모델상으로 보면, 강수량 변화가 계절적으로 달라서 겨울에는 강수량이 늘어나고 여름에는 줄어들 것으로 전망된다.

집중 강수를 관찰해보면 세계적으로(몇몇 열대 지방을 제외하고는) 전체 강수량에서 집중 강수가 차지하는 비율이 증가된다는 것이 지배적이다. 또한 독일에서는 최근 몇 십 년간 여름에 제곱미터 당 30리터 이상의 집중 호우가 내리는 비율이 증가하고 있음을 확인할 수 있다. 이렇게 되면 강 유역이 작아 물이 빠르게 불어나는 것에 대처하지 못하는 곳에서는 홍수가 일어날 위험이 높다.

더 더워지고, 습해지고, 폭풍도 많이 온다?

독일에서 최근 가장 더웠던 시기는 2006년 7월(독일 기후 관측 사상 가장 더웠던 달)과 2003년 여름이었다. 이때의 이상 고온은 20세기 초반까지는 1만 년에 한번 올까 말까한 드문 현상으로 취급되었다 (Schönwiese et al. 2004).

델라-마르타 팀은 유럽 서부 지역의 데이터를 보완해, 1880년 이래 열파 발생일과 열파가 지속되는 기간이 두 배 이상 증가했음을 보여 주었다(Della-Marta et al. 2007). 쉐르 팀은 지역적 기후 시뮬레이션을 통해 세계적으로 기온 상승이 이어지면 이번 세기 말까지 2003년과 같은 더운 여름이 중부 유럽에서 평균적으로 한 해 걸러 한 번 씩 나타날 수도 있다고 지적한다(Schär et al. 2004). 그렇게 되면 나이 들고 병든 사람들은 견디기 힘들 것이므로, 적절한 예방조처가 필요하다(효율적인 실내 냉방, 가능하면 탄소 중립적일 것).

겨울 기후도 변할 것으로 전망된다. 중부 유럽에만 국한해서 이야기한다면, 겨울은 더 따뜻하고 습해지는 경향이 계속될 것이다. 기온 상승의 추이는 북쪽에서 남쪽으로 갈수록 증가할 전망이지만, 지역에 따라 정도의 차이는 있을 것이다. 겨울 강수량에서 눈의 비중은 줄어들 것이다. 강수가 거의 눈 형태로 나타나는 지역은 알프스에서도 더 높은 고도로 올라갈 전망이다. 한편, 겨울철 총 강수량은 계속해서 늘어날 것으로 보인다. 하지만 늘어나는 규모는 평가에 따라 다르고, 늘어나는 겨울철 강수량이 줄어드는 여름철 강수량을 메워서 연간 총계에서 균형을 이룰 것인지는 불확실하다 (Werner/ Gerstengarbe 2007).

폭풍은 어떻게 될까? 우선 비열대성 폭풍에 대해서는 학자들이 서로 다른 예측 결과를 내어놓고 있다. 쉔넨비제(Schönwiese 2007)나 쿠슈(Kusch 2007)는 현재 중부유럽의 바람 상황으로는 뚜렷한 경향을 확인할 수 없다고 말한다. 그러나 열대 폭풍의 강도는 계속해 증가될 전망이다. 지난 몇 십 년 동안 관측된 것처럼, 장기적으로 해수면 기온이 증가하면서 열대성 폭풍우의 에너지 규모도 커지고 있기 때문이다(Emanuel 2005).

허리케인의 빈도와 관련해서는 해수면 기온의 변동, 즉 '대서양 10년 단위 진동(AMO)'을 따른다는 것을 확인할 수 있다(Knight et al.

2005). 해수면 기온은 1990년대 중반 이래로 평균 이상의 기온을 보이는 시기에 있으나, 몇 십 년 지나면 반대 경향으로 돌아설 것이다. 또한 장기적으로 세계적 기온 상승이 진행되는 동안 열대성 폭풍이 증가하지는 않을 듯하다. 높은 대기층에서 압력의 불균형이 커져서, 소용돌이 형성을 저해하는 윈드 시어가 더 많이 생길 것이기 때문이다.

느린 변화 혹은 갑작스런 변동?

이 질문은 기후가 특정 조건 하에서만 평균치와 분산치가 서서히 바뀌며 점차적인 변동을 보일 수도 있고, 기후의 시스템이 갑자기 현저하게 바뀌는 '티핑 포인트'가 있을 수도 있다는 예상을 배경으로 한 것이다(Stocker 1999).

여기서 특히 중요한 예는 대양의 열 염분 순환이다. 이를 '글로벌 콘베이어 벨트(Broecker 1991)'라고도 부르는데, 대양의 기온과 염분 농도의 변화를 통해 추진력을 얻는다. 차갑거나 상대적으로 염분이 많은 물은 밀도가 높아서 가라앉고, 이를 통해 심해수가 형성되는 영역이 대양 순환시스템의 핵심 지역이다. 남극 주변 바다(베델 해, 로스 해)와 극권에 속하는 북대서양의 일부(그린란드 동쪽, 남서쪽)가 해당된다. 여기서는 유입되는 표층수가 효율적으로 냉각되어 얼음이 얼면서 추가적으로 바닷물의 밀도가 높아진다(얼음이 얼 때 염분은 거의 모두 주변 물에 남는다).

반면 북태평양에서는 심해수가 형성되지 않는다. 북대서양보다는 밀도가 불과 몇 프로밀이긴 하지만 더 낮기 때문이다. 그래서 앞서 언급한 핵심 지역에서 밀도 높은 표층수가 하강해 심해수 또는 해저수로 서서히 세계의 대양들로 퍼져나가다가 인도양이나 태평양의 특정지역에서 다시 표면으로 올라가, 대규모 난류로 흘러 들어간다. 북대서양(멕시코 만 난류)과 유럽 대부분의 지역도 이런 과정에서 이익을 얻는다.

이런 순환시스템의 또 다른 중요성은 추가적으로 임계적인 밀도의 역치를 넘어서면 다른 시스템으로 빠르게 옮겨갈 수도 있다는 데 있다. 이럴 경우 심해수 형성은 약화되거나 무너져 에너지 수송이 감소되거나 완전히 저지된다. 오늘날의 기후변화도 이런 경향을 부추기는 쪽으로 영향을 준다. 계속되는 기온 상승으로 인해 강수량이 증가하고, 대륙과 바다 얼음에서 담수가 많이 유입되면 염분 농도가 줄어들고, 그로 말미암아 심해수가 형성되는 지역의 바닷물의 밀도가 낮아질 수 있기 때문이다.

대부분의 모델은 이번 세기 말까지 북대서양의 열 염분 순환이 약화될 것으로 예상하고, IPCC 보고(2007)도 약 25퍼센트 약화될 것이라고 본다. 다음 세기에 열 염분 순환이 완전히 붕괴될 것이라고 예측하는 모델은 없다. 그러므로 지금으로서는 갑작스런 시스템 전환을 앞두고 있는 상황은 아닌 것 같다.

통제할 수 없는 것은 피하고, 피할 수 없는 것은 통제하자

기후 모델은 관측 데이터, 통계 분석 방법과 더불어 자연적이고 인위적인 요인들로 인한 기후변화와 복합적인 기후 체계의 기능에 대해 전달해준다. 우리는 여기서 이와 관련한 몇 가지 생각들을 잠시 살펴보았다. 중요한 것은 모든 기후변화가 자연과 사회에 광범위한 영향을 미쳐 사람들로 하여금 정치적 행동을 하게 한다는 것이다. 포츠담의 기후변화연구소 한스 요하임 쉘른후버 소장은 "통제할 수 없는 것은 피하고, 피할 수 없는 것은 통제하자."라는 원칙을 피력했다. 이 원칙을 바탕으로 기후변화 문제에 대응하려면 우리는 많은 노력을 해야 할 것이다.

페터 체를레

이산화탄소 포집 기술

현재 이산화탄소 배출을 감소시키는 데 도움이 되는 많은 정치적, 경제적, 기술적 전략들이 논의되고 있다. 이 글에서는 그중 한 가지 전략을 택해 살펴보려고 한다. 가장 합리적이고 적절한 조치는 이산화탄소를 분리해 장기적으로 저장하는 것이리라. 경제학자 페터 체를레가 이런 방법에 대해 정리해보았다.

국제에너지기구(IEA)는 에너지 수요가 2005년에서 2030년까지 세계적으로 55퍼센트 정도 증가할 것이라고 전망했다(IEA 2007). 중국과 인도의 경제 발전으로 에너지 필요량이 확연히 높아질 것이라는 것이다.

최근 재생 가능한 에너지 생산이 급격히 증가하고 있고, 원유 가격 급등으로 말미암아 원자력이 전성기를 맞이할 전망이지만, 그래프 1에서 볼 수 있는 바와 같이 미래의 에너지 수요 역시 주된 부분은 화석 연료가 담당할 것으로 보인다. IEA의 예측에 의하면 가스, 기름, 석탄은 2030년까지 에너지 수요의 약 75퍼센트를 담당하게 될 것이다. 따라서 이산화탄소 배출도 증가할 전망이다. 앞으로 20년간 전 세계의 이산화탄소 배출량은 약 60퍼센트 증가할 것이고, 배출량의 대부분은 중국과 인도의 몫으로 돌아갈 것이다.

21세기 말까지 그나마 용인될 수 있는 지구 평균 기온의 상승 정도는 2.4도인데, 이를 넘어서지 않으려면 대기 중 온실가스 비율

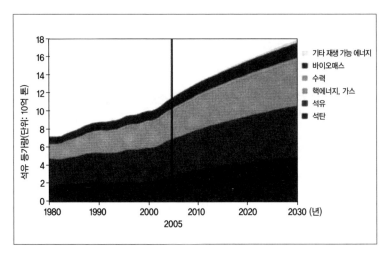

● 그래프 1 : 세계적 에너지 수요 증가 예측

석유 등가량으로 따져서 2005년 114억 톤에서 2030년에는 약 180억 톤으로 늘어날 전망이다. 화석 연료는 미래에도 가장 비중 있는 에너지원으로 남을 전망이다(IEA 2007).

이 약 450피피엠(ppm)으로 안정되어야 한다. 교토의정서에서 따르면 온실가스 농축 비율은 오늘날 이미 430ppmv(parts per million by volume) CO_2e(이산화탄소 등가물)이다. 각 정부의 이산화탄소 배출 감축 노력이 지금처럼 지지부진한 상태로 남는다면, 2030년에는 배출량이 42기가톤까지 증가할 것이다. IEA에 따르면 대기 중 온실가스 비율을 450ppmv CO_2e로 안정화시키려면 연간 에너지 소비와 관련한 이산화탄소 배출량을 현재의 30기가톤에서 23기가톤으로 줄여야 한다(그래프 2 참조).

이런 감축은 다양한 조처를 통해 이루어질 수 있다. 이산화탄소 배출 감축과 관련해 가장 핵심적인 방법은 에너지 효율을 증가시키는 것이다. 효율 증가는 다른 방법들에 비해 상대적으로 저렴하고 신속하게 투입할 수 있다.

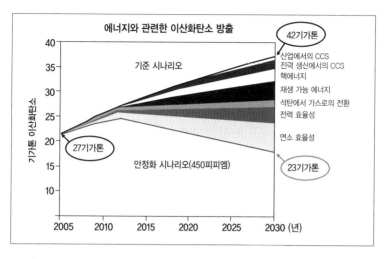

에너지와 관련한 이산화탄소 방출

42기가톤

기준 시나리오

산업에서의 CCS
전력 생산에서의 CCS
핵에너지

재생 가능 에너지
석탄에서 가스로의 전환
전력 효율성

연소 효율성

27기가톤

안정화 시나리오(450피피엠)

23기가톤

● 그래프 2 : 정책 시나리오에 따른 에너지 소비로 인한 이산화탄소 배출 전망
기준 시나리오는 이렇다 할 기후 정책이 실행되지 않아 지금의 상승세가 계속 이어질 경우를 상정한 것이고,
안정화 시나리오는 특별한 노력을 기울여 온실가스 농도를 450피피엠으로 안정시켰을 경우를 상정한 것이
다. 안정화 시나리오대로 되는 경우 세계 평균 기온의 상승은 최대 2.4도에 그칠 전망이다(IEA 2007).

　IEA는 재생 가능 에너지의 활용을 늘리고, 핵에너지를 확대하고, 석탄을 가스로 대치하는 것 외에도 이산화탄소 포집 및 저장 기술(CCS: Carbon Dioxide Capture and Storage)을 이산화탄소를 줄일 수 있는 매우 중요한 방법으로 보고 있다.

전개 상황

이산화탄소 포집

　이산화탄소를 포집하기 위해 현재까지 세 가지 기술이 연구, 활용되고 있다.

- 연소 후 회수 기술
- 순 산소 연소 기술
- 연소 전 회수 기술

'연소 후 회수 기술'은 가장 오래된 기술로 연소된 후 연소 가스로부터 이산화탄소(연소 가스의 10~14퍼센트)를 흡착, 탈착해 분리하는 기술이다. 이 기술은 원칙적으로 활용 가능하지만, 아직은 소형 발전소에서만 활용되고 있다. 연소 후 회수 기술은 신생 발전소에 설비를 할 수도 있고, 오래된 발전소에 포획 설비만 해도 활용할 수 있다. 그러나 에너지가 많이 드는 방법으로, 에너지 손실과 비용 문제에서 자유롭지 못하다.

두 번째 '순 산소 연소 기술'은 순수한 산소로 연소해 연소 가스에 질소가 포함되지 않고 이산화탄소를 농축하는 것이다(약 70퍼센트). 이 기술을 활용하려면 연소에 필요한 산소를 확보하기 위해 미리 공기 분해 시설을 갖추어야 한다. 이런 시설은 발전소를 새로 건설해 설비할 수밖에 없으므로 시설 투자비가 많이 들어가며, 기술 활용에 투입되는 에너지양도 아직은 상당하다.

세 번째 '연소 전 회수 기술'은 완전히 새로운 설비를 요한다. 연소 프로세스와 가스 및 증기 터빈 장치를 연결해야 한다. 일단 연료를 순 산소(공기 분해 필수)를 통해 기체로 전환시켜 일산화탄소와 수소를 만든 다음, 수증기를 통해 이산화탄소와 수소로 변환시킨다. 그런 다음 막을 이용해 이 혼합물에서 이산화탄소를 분리해내고, 가스 터빈을 통해 수소를 연소시켜 발전을 한다. 이것은 기술의 신대륙에 속하는 복잡한 기술이며, 대형 발전소에서 활용할 때나 의미가 있다.

이 기술을 토대로 한 화력발전소의 효율은 40퍼센트 이상이다.

수송

연소 후든(연소 후 포집 기술) 연소 전이든(연소 전 포집 기술) 포집된 이산화탄소는 저장해야 하는데, 저장하려면 저장소까지 수송을 해야 한다. 이산화탄소를 농축해 초임계 상태의 액체 상태로 말이다(가령 압력 74바, 밀도 1,100킬로그램/세제곱미터). 원래 수송은 선박이나 파이프라인으로 이루어져야만 경제성이 있는데, 이와 관련해 유럽은 경험이 전무한 상태다.

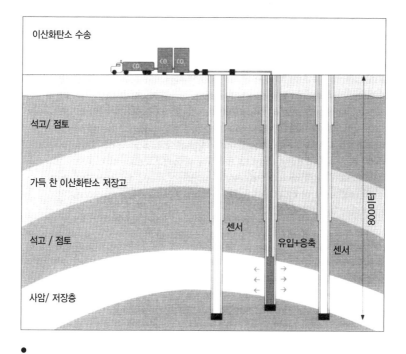

이산화탄소 수송

석고/ 점토

가득 찬 이산화탄소 저장고

석고 / 점토

센서

유입+응축

센서

800미터

사암/ 저장층

사암층 저지대에서의 이산화탄소 저장을 나타낸 그림

미국과 캐나다에서는 3,000킬로미터가 넘는 파이프라인망이 있어 그것을 통해 수송한 이산화탄소를 유전 생산량을 증가시키는 데 활용하고 있다(석유회수증진법). 현재의 이론에 따르면 1,000킬로미터 이상의 거리를 수송할 때만 선박을 이용하는 것이 경제적이므로 독일의 경우는 파이프라인망이 고려된다. 하지만 파이프라인을 갖추려면 초기 투자 비용이 만만치 않다. 이산화탄소 포집 및 저장에서 수송이 차지하는 비용은 약 10퍼센트이지만, 시장이 활성화된 다음에야 이산화탄소 수송 인프라 구조를 갖추는 것이 의미가 있다고 본다.

저장

수송한 이산화탄소는 장기간 안전하게 저장되어야 한다. 저장 방법은 원칙적으로 다음과 같다.

- 회수된 가스전이나 유전
- 탐사 중인 천연가스전 및 유전
- 지하와 해저의 대수층, 이용되지 않은 석탄층
- 화학과 생필품 산업의 재료로 이용
- 암석으로의 광물화

고갈된 천연가스전에 저장하는 방법은 국제적으로 활용되는 방법으로, 가령 천연가스의 중간 저장을 위해 이용된다. 그러나 이산화탄소 저장에 필요한 양에 대해서는 장기적으로 축적된 경험치가 없다. 대수층에 저장하려면 다른 층과 연결이 되지 않은 900~1,000미터

깊이의 대수층이라야 한다. 심해에 저장하는 방법은 현재 시험되고는 있지만, 전문가들은 거의 반대하고 있다. 대양이 대기와 끊임없이 순환하기 때문에, 장기적으로는 이산화탄소 누출이 불가피할 것이기 때문이다. 그 밖에도 온실가스를 심해에 저장하면 바닷물의 이산화탄소 함량이 증가해 생태계를 위협한다.

　노후한 석탄층에 저장하면 그곳에서 메탄가스가 빠져나가게 될 것이다. 한편으로는 이용될 수 있지만, 한편으로는 메탄가스가 통제되지 않고 빠져나가면 온실효과를 강화시킬 가능성도 있다.

　독일의 경우 현재는 고갈된 가스전과 깊은 대수층에 저장하는 방법을 고려할 수 있는데, 저장 능력에 대한 평가는 30년에서 130년에 이르기까지 차이가 심하다. 이런 평가는 이산화탄소 포집 및 저장 기술도 이산화탄소 문제에 대한 장기적인 해법은 되지 못한다는 것을 보여 준다.

이산화탄소 포집의 경제성

이산화탄소 포집 기술은 비용이 너무 많이 들고, 시장이 활성화되는 시점도 불투명하다. 국제에너지기구(IEA)는 이산화탄소를 포집하는 발전소는 추가적인 시설 투자 비용과 전력 생산 비용이 이산화탄소를 포집하지 않는 화력발전소의 두 배에 이를 것으로 추정한다. 아래 표는 서로 다른 유형의 발전소와 서로 다른 운영 시점에서의 이산화탄소 포집 비용을 보여 준다. 2020년에는 이산화탄소 포집 비용이 이산화탄소 1톤 당 38~64유로에 이를 것으로 나온다. IEA의 추산치는 새로운 발전소의 경우 포집에 이산화탄소 1톤 당

24~72유로, 수송과 저장에 이산화탄소 1톤 당 8~32유로다(예외: 석유회수증진법).

운영 시점(1년)	2020	2030	2040	2050
시나리오 I (EWI 2005)				
천연가스발전소, 가스 및 증기	58.20	51.50	45.80	47.80
화력발전소, 증기	42.00	39.80	38.80	39.50
석탄-가스화 통합 주기	38.20	36.60	36.10	36.60
평균	46.13	42.63	40.23	41.30
시나리오 II (DLR 2005)				
천연가스발전소, 가스 및 증기	63.70	58.30	51.90	54.20
화력발전소, 증기	43.20	42.50	40.40	40.70
석탄-가스화 통합 주기	39.20	38.10	37.40	37.90
평균	48.70	46.30	43.23	44.27

(단위: 톤 당/유로)

연료 가격 시나리오 EWI 2005/ 2020~2050의 평균 가격(유로/기가줄):
가스 4.87, 석탄 1.98, 갈탄 0.83
연료 가격 시나리오 DLR 2005/ 2020~2050의 평균 가격(유로/기가줄):
가스 7.20, 석탄 2.64, 갈탄 1.30
이산화탄소의 예상 차단율은 88~90퍼센트다.

●
다른 유형의 발전소와 운영 시점으로 본 이산화탄소 포집(수송 및 저장 포함) 비용
(Wuppertal Institut et al. 2001)

종합적으로 볼 때, 아무리 적게 들어도 이산화탄소 1톤 당 40유로가 지출된다고 하겠다. 화력발전소에 이산화탄소 포집 및 저장 기술을 추가로 설비하는 경우는 비용이 훨씬 높아져서 IEA는 이산화탄소 1톤 당 53~97유로가 들어갈 것으로 보고 있다(IEA 2007, p218).

위 표의 숫자들은 2020년에서 2050년까지의 비용 절감 효과를 보여 준다. 그러나 비용 절감 효과는 그다지 크지 않아 '학습곡선' 효과가 적은 것으로 보인다. 즉 이산화탄소 포집 기술은 여타 이산화탄소 감축 조처와 비교할 때 비용이 많이 드는 대안이며, 이런 상황은 향후 몇 십 년 동안 그리 달라지지는 않을 듯하다.

산업 부문에서는 시범 사업을 통해 이 사실을 이미 절감하고 있다. 세계적으로 여러 개의 이산화탄소 포집 프로젝트가 비용 상의 문제로 중단되었다. 노르웨이에서는 트론하임의 쉘(Shell) 사와 스

●
북해의 슐라이프너 가스전에서 얻어지는 천연가스는 이산화탄소를 9퍼센트 함유하고 있다. 1996년부터 이산화탄소 포집 및 저장 기술이 현장에서 가동되어, 작업에서 발생하는 이산화탄소를 매일 2,800톤씩 지하에 저장하고 있다.

탯오일하이드로(StatoilHydro) 사가 진행하던 가스발전소 프로젝트가 중단되었고, 노르웨이 정부가 주도하던 Mongstad 화력발전소 프로젝트에서도 일단은 저장이 포기된 상태다. 즉 이산화탄소가 포집 후에 그냥 배출되고 있는 것이다(Watson 2007). 미국에서는 에너지부가 비용 상의 이유로 이산화탄소 포집 및 저장 기술 프로젝트를 중단시켰으며, 이 기술의 주요 연구 및 시범 프로그램인 FutureGen 프로젝트에 대해 구조조정을 실시했다. 유럽의 전력 산업에서도 높은 비용으로 인해 적절한 보조금 지원을 희망하고 있다.

반면, 노르웨이의 스탯오일하이드로 사가 추진하고 있는 세계 최초의 대규모 이산화탄소 포집 및 저장 프로젝트는 1996년 이래 계속 가동되고 있다. 그곳에서는 가스 생산 과정에서 연간 약 100만 톤의 이산화탄소가 현장에서 바로 분리되어 해저 1,000미터의 사암층에 저장된다. 그로써 수송 문제는 해결되었고, 운영자들에 따르면 시설은 경제적으로 채산성이 있다고 한다.

요약과 전망

2020년까지 시범 단계

연소 후 회수 기술, 순 산소 연소 기술, 연소 전 회수 기술, 이 세 가지 기술은 서로 다른 발전 단계에 있다. 경제적으로는 순 산소 연소 기술이나 연소 전 회수 기술이 더 나을 것으로 보인다. 그러나 이런 방법들은 2020년 이후에야 비로소 대규모로 활용할 수 있을 것으로 예상된다.

여러 모로 아직은 미지의 분야

현재 전 세계에서 이산화탄소를 지하에서 저장하는 문제와 관련한 시범 프로젝트가 시행되고 있다. 하지만 누설률과 이산화탄소 저장의 장기적 안정성에 대해서는 아직 대안이 충분하지 않은 상태다. 독일연방 환경청은 연간 누설률이 0.01퍼센트 이하라야 현실성이 있다고 본다. 그 정도면 1,000년 후에도 저장된 이산화탄소의 90퍼센트가 남을 것이기 때문이다. 이산화탄소를 저장하는 경우 지열과 암석 충전(rock filling: 채굴된 지하 광산은 광산 내부와 외부의 액체 및 고체 물질로 채워진다)을 활용하는 데 문제가 생길 수도 있다. 해양 저장은 전문가들이 위험을 예측할 수 없다는 입장을 표명하고 있어 배제된다. 이산화탄소 포집은 법적으로도 미증유의 분야라 수송, 저장, 감시에 대한 국제적 법률이 마련되어야 한다.

고비용으로 인한 현실적 한계

세계적으로 화력발전이 전력 생산의 주된 부분을 담당하고 있으므로, 기후 정책적인 감축 기술과 이산화탄소 포집에 대한 체계적인 연구는 중요하다. 하지만 이산화탄소 포집은 발전소의 효율성을 약 10퍼센트 떨어뜨리며, 투자비와 전력 생산 비용은 거의 두 배에 달한다. 또한 추가 설비에도 돈이 너무 많이 들어간다는 점도 간과할 수 없다. 그래서 과연 이 기술이 정책적으로 용인되어 관련 시장이 생겨날지는 의문이다. 독일에서 이산화탄소 포집이 경제성 있는 기술로 투입되기에는 너무 늦은 감이 있다. 현재의 연구 수준에 따르면 독일의 경우 고갈된 가스전이나 깊은 대수층에 저장하는 것만이 현실성이 있다. 지금으로서는 높은 성장률을 보이는 가운데 이산화탄소 대기 배출 또한 대폭 늘어나고 있는 중국이나 인도에 투입되는 것이 경제성이 있을 것으로 전망된다.

정책과 시장의 해결 조건

우선 이산화탄소 포집과 수송 및 저장이 인간과 환경에 해를 끼치지 않고 실행될 수 있도록 각 국가의 정책적 조건이 마련되어야 한다. 나아가 국제적으로도 이산화탄소를 감축시킬 해법을 공유하고, 확실한 감축 목표를 설정해야 한다. 산업계는 이산화탄소 감축 비용을 장기적으로 계획해야 한다. 이산화탄소 포집 및 저장 기술이 앞으로 이산화탄소 감축 방법으로 기능할 수 있을지는 경제성이 결정할 문제이기 때문이다.

이산화탄소 실험과 여행

4장에서는 직간접적으로 이산화탄소를 즐길 수 있는 실험과 여행이 우리를 기다리고 있다. 실제로 이산화탄소를 다루는 것은 이산화탄소를 이해하는 데 가장 효과적인 방법일 것이며, 간접적으로나마 이산화탄소로 이루어진 세계(화성)를 탐험하는 것은 이산화탄소에 대한 관심을 높이는 가장 흥미로운 방법일 것이다. 옌스 죄트겐이 소개하는 실험과 시몬 마이스너가 데려다 줄 여행에 함께 해보자.

엔스 죈트겐

식탁에서 할 수 있는 이산화탄소 실험

이산화탄소는 거의 눈에 띄지 않는 기체지만, 우리는 특별한 장비 없이도 이 산화탄소를 느낄 수 있다. 눈으로 볼 수도 있고, 맛을 볼 수도 있다. 단순한 수 단을 통해 순식간에 영하 79도의 이산화탄소(드라이아이스)를 만들 수도 있다. 재미있는 실험은 아주 많다. 이번 기고에서는 전문적인 기구나 장비 없이 할 수 있는 실험과 관찰 방법을 소개한다. 필요한 도구는 어느 집이든 다 있거나 슈퍼마켓에서 쉽게 구할 수 있는 것들이다.

탄산수 제조기, 이산화탄소 실험기구로 변신하다

자, 이제 이산화탄소 실험을 시작하자. 실험을 하기 위해서는 이산 화탄소가 필요하다. 이산화탄소를 어디서 구할까? 독일의 가정 대 부분에는 이산화탄소가 있을 것이다. 바로 탄산수 제조기 속에 들 어 있는 이산화탄소 말이다. 탄산수 제조기의 기본 메커니즘은 탄 산수 제조기에 이산화탄소가 들어 있는 병(카트리지)이 내장되어 있 어, 단추를 누르면 물이 채워진 병으로 이산화탄소가 유입된다. 밍 밍한 맛의 물이 톡 쏘는 맛의 탄산수로 바뀌는 것이다. 탄산수 제조 기에 끼워 넣는 이산화탄소 카트리지에는 높은 압력 속에서 일부는 액체 상태의, 일부는 기체 상태의 이산화탄소가 들어 있다. 이런 이 산화탄소는 자연에서 얻은 것일 수도 있고, 산업 부산물로 생산된 이산화탄소를 정제한 것일 수도 있다. 부동액이나 비누를 생산하는 공장에서 나온 것일 수도 있고, 비료를 생산하는 공장에서 나온 것일 수도 있다.

탄산수 제조기는 약간만 조작하면 굉장히 다양하게 활용할 수 있는 실험기구가 된다. 먼저 탄산수 제조기를 준비하고 철물점에서 호스를 구입하자. 호스는 이산화탄소가 탄산수 병으로 들어가는 니플(기계에 기름을 넣거나 할 때 쓰는 기구 끝에 달린 접속관 비슷한 것)에 맞는 것이라야 한다. 니플에 호스를 단단히 씌우자. 보통은 내부 지름이 1센티미터인 호스가 적합할 것이다. 꼭 맞는 호스를 구하기 위해서는 호스를 사러갈 때 탄산수 제조기를 가지고 가는 것이 좋다. 호스의 길이는 50센티미터 정도면 된다. 이미 말했듯이 호스 끝을 니플에 씌우면 이산화탄소 공급기가 완성된다. 너무 오래된 이산화탄소 카트리지는 실험의 성공을 보장하지 못한다.

환기에 신경 쓰자!

이산화탄소 카트리지에는 이산화탄소가 보통 425그램 정도 들어 있다. 카트리지 안에 고압 상태로 저장된 이산화탄소 약 10몰(mole)이 들어 있는 것이다. 이산화탄소 1몰은 44그램이고, 상온의 일반적인 기압에서의 부피는 약 24.46리터다. 따라서 10몰이면 약 244리터다. 우리가 2미터 곱하기 2미터의 작은 방에서(높이는 2.50미터) 실험을 한다고 하자. 이런 방은 10세제곱미터의 공기, 즉 1만 리터의 공기를 함유하고 있고, 공기에 함유된 이산화탄소는 보통 0.038퍼센트이므로, 실험하는 방의 경우 3.8리터의 이산화탄소가 존재한다.

이런 상태에서 우리가 실험을 위해 마련한 이산화탄소 카트리지를 그 방에서 다 비우면, 이산화탄소의 농도는 거의 100배나 높아져 2.478퍼센트에 달할 것이다. 이것은 굉장히 위험한 농도다. 어지러움증 유발, 심장 박동 증가, 흥분 상태가 나타날 수 있고, 자칫 의식을 잃을 수도 있다. 그러므로 이산화탄소 실험을 할 때는 언제나 환기를 잘 시켜야 한다! 아이들은 반드시 어른과 함께 탄산수 제조기나 드라이아이스를 다루어야 한다.

이산화탄소는 전형적인 맛이 있다

이산화탄소는 무색, 무취, 무미의 기체로 여겨진다. 그러나 아주 정확히 말하자면 그렇지 않다.

실험 시작

- 탄산수 제조기의 호스를 커다란 유리컵에 대고 단추를 작동시킨다. 그러면 이산화탄소가 유리컵으로 뿜어져 나온 뒤 유리컵 안에서 잠시 머무를 것이다. 이산화탄소가 공기보다 무겁기 때문이다. 이렇게 이산화탄소로 채운 유리컵을 입 안으로 기울이면, 혀에 순수한 이산화탄소의 맛이 느껴질 것이다. 아주 특이한 신맛이다. 이산화탄소를 코에 부어 보면 코가 약간 알알하다.

그러나 이산화탄소를 너무 많이 들이마시지는 말자. 많은 양을 흡입하게 되면 의식불명 상태, 심지어 사망에 이를 수도 있다.

탄산수는 석회를 녹인다

탄산수는 일반 물에 비해 약간 더 신맛이 나는 것을 확인했다. 탄산수는 일반 물에 비해 용해력도 더 높다. 이번 실험으로 그것을 알아볼 것이다. 실험을 위해서는 탄산칼슘 소량이 필요하다.

탄산칼슘은 약국에 가거나 애완동물 용품점에 가면 구할 수 있다. 학교에서 쓰는 분필도 주로 탄산칼슘으로 되어 있다. 깁스 재료도 탄산칼슘이지만, 그것을 사용할 수는 없는 일이다. 탄산칼슘을 구했다면 다음 실험을 시작해보자.

• 투명한 유리컵 두 개를 준비해 하나에는 일반 물을, 하나에는 탄산수를 채운다. 그리고 두 컵에 각각 미량의 탄산칼슘을 집어넣는다. 탄산칼슘은 탄산수에서 녹지만, 일반 물에서는 한동안 녹지 않을 것이다.

이런 현상이 별로 신기하지 않게 느껴질지도 모른다. 그러나 이런 특성이 미치는 영향력은 대단하다. 탄산수의 높은 용해력이 지표면 곳곳에 흔적을 남기기 때문이다. 거의 모든 동굴이 이처럼 이산화탄소가 많은 물 덕분에 생겨났다. 이산화탄소가 석회층에서 광부의 역할을 하는 것이다. 이산화탄소가 많은 물이 동굴의 천정 같은 곳으로 흐르면, 이산화탄소는 빠져나가고 석회는 굳어진다. 탄산수가 만든 흔적은 인간이 만든 동굴이나 갱도와는 달리 추한 모래 더미나 광재 더미가 남지 않고, 아주 매력적인 형태로 생긴다. 종유석이 생겨나고, 터키 남서쪽의 파묵칼레 같은 석회붕이 탄생하는 것이다.

함부르크의 예술가 보고미르 에커는 몇 년간의 지난한 작업 끝에 함부르크 미술관에 계약상으로는 2496년까지 작동하게 될 종유석 기계를 가동시켰다. 자연에서 종유석이 생성되는 원리를 모방한 기계다. 빗물이 미술관 지붕으로부터 *Anthericum*속 식물과 석회석으로 이루어진 비오톱(biotope) 위를 통과한 다음, 석회화가 진행되지 않도록 방지된 관을 통해 드리퍼로 유도되고, 드리퍼로부터 (진동을 방지하기 위해 고무 위에 설치된) 대리석 판으로 방울방울 떨어진다. 그 기계는 인간의 생각 및 행동이 갖는 시간적 기준과 자연의 시간적 기준이 얼마나 다른지를 인상적으로 보여 준다.

이산화탄소는 무겁다

이 실험에도 우리가 개조한 탄산수 제조기가 필요하다.

실험 시작

- 호스 끝에 풍선 하나를 끼우고 탄산수 제조기의 단추를 누른다. 그러면 풍선이 이산화탄소로 채워진다.
- 이산화탄소가 새어 나오지 않도록 풍선 입구를 매듭짓는다.
- 두 번째 풍선은 입으로 분다. 이 풍선 역시 공기가 빠져나오지 않게 묶는다.
- 두 풍선을 공중에서 동시에 떨어뜨린다. 그러면 이산화탄소가 채워진 풍선이 훨씬 빨리 떨어지는 것을 볼 수 있다.

이산화탄소는 공기보다 약 1.6배 무거워 바닥 가까운 곳에 모인다. 그러므로 이산화탄소가 방출되는 모든 장소에서는 작은 생물들이 특히 위험하다. 가령 중앙아프리카의 부룬디에서는 여러 지역에서 이산화탄소가 분출된다. 화산 활동에서 나오는 자연적인 가스 배출이다. 이런 이산화탄소는 그곳에서 마추쿠(악한 바람)라 불린다. 이런 이산화탄소가 웅덩이 같은 곳에 모여 있으면 심각한 위험을 초래할 수 있다. 놀다가 그런 웅덩이로 뛰어드는 아이들이 피해를 볼 수 있다. 웅덩이 안에서 질식하는 것이다.

독일에서도 이산화탄소가 자연적으로 배출되는 몇몇 장소들이 있다. 불칸아이펠도 그런 지역이다. 이곳에 커다란 탄산수 제조 공장

짙은 색 풍선이 이산화탄소를 채운 풍선이다. 이산화탄소의 무게가 일반 공기보다 무거워서 이산화탄소를 채운 풍선이 일반 공기를 채운 풍선보다 더 빨리 떨어진다.

과 음료 제조 공장이 있는 것도 우연이 아니다. 라허 호 주변 역시 특정 지역에서 이산화탄소가 계속해서 분출되고 있다.

발효 과정에서 이산화탄소가 아주 많이 발생하는 양조장은 더 위험하다. 양조장의 깊숙한 공간에 이산화탄소가 모여 있다가 일하는 사람들에게 심각한 피해를 입힐 수 있다. 이산화탄소는 보이지도 않고 냄새도 없기 때문이다. 그래서 양조장마다 바닥 가까이에 이산화탄소 경보기를 설치해두는 것이다.

풍선을 한동안 바닥에 놓아두면, 이산화탄소가 들어 있는 풍선에서 금방 바람이 빠지고 흐물흐물해지는 것을 볼 수 있다. 이산화탄소가 풍선의 표면을 공격하기 때문이다. 이 현상은 특정 물질을 용해시키는 이산화탄소의 능력을 보여 준다. 그래서 액체 이산화탄소는 산업에서 용해제로 활용되며(디카페인 커피를 생산하는 데도 이산화탄소가 활용된다), 의류 세제로도 활용된다.

이산화탄소 위에서 헤엄치는 연기

실험 시작

- 커다란 그릇에 이산화탄소를 채우고, 그 위에 담배 연기를 약간 불어 보면 연기가 이산화탄소 위에서 둥둥 떠다닌다. 그릇을 살짝 흔들면 이산화탄소와 그 위에 있는 연기가 물결처럼 이리 저리 떠다니는 것을 볼 수 있다.

고체 이산화탄소는 눈보다 훨씬 더 차갑다

크리스토프 리히텐베르크는 그의 일기장에 "중요한 것은 죄다 관을 통해 이루어진다. 생식기도 그렇고, 만년필도 그렇고, 총도 그렇고……. 인간 역시 복잡한 관 묶음이 아니고 무엇이겠는가?"라고 적었다. 우리가 탄산수 제조기에 끼워 넣은 호스도 관이다. 이 실험은 이 호스가 생각보다 능력이 많다는 것을 보여 줄 것이다. 지금부터 탄산수 제조기로 드라이아이스, 즉 아주 차가운 고체 이산화탄소를 만들려고 하는데, 여기서 호스가 결정적인 역할을 한다. 개조한 탄산수 제조기 외에 꼭 필요하지는 않지만 약간 어두운 색깔의 천이 있으면 유용하다(낡은 티셔츠나 수건, 짙은 색깔의 모자 같은 것이면 된다). 그리고 뜨거운 차나 커피가 담긴 컵이 필요하다. 물론 뜨거운 물도 무방하다.

실험 시작

- 짙은 색 천으로 된 옷이나 수건을 바닥에 깐다. 검은 모자나 검정 티셔츠 또는 손수건 같은 것이어도 된다.
- 호스가 달린 탄산수 제조기를 거꾸로 든 다음, 호스 끝을 바닥에 놓인 천으로 향하게 한다.
- 탄산수 제조기에 달린 단추를 손으로 누르는데, 이때 조심해야 한다. 어떤 것들은 단추가 이상하게 만들어져서 손이 쉽게 끼일 수 있기 때문이다. 단추를 약 1분 간 누른다.
- 그러면 칙~뽀글뽀글하면서 이산화탄소가 빠져나가는데, 바닥에는 가스 형태가 아닌 하얀 눈 형태로 닿는다. 그리고서 금방 증발한다.
- 천을 이용해 이산화탄소 눈 결정을 뭉쳐서 동그란 알갱이로 만들자. 이것이 바로 영하 79도의 드라이아이스다. 잠시 손을 대어 보는 것은 괜찮지만, 절대로 입에 넣어서는 안 된다!
- 드라이아이스를 차나 커피가 담긴 컵 속에 넣으면 뽀얀 김이 예쁘게 피어오를 것이다.
- 호스를 통해 드라이아이스를 직접 물에 넣지는 말자. 자칫 탄산수 제조기의 밸브가 얼어버릴 수 있다.

드라이아이스가 생기는 것은 소위 줄-톰슨 효과(Joule-Thomson effect: 압축한 기체를 단열된 좁은 구멍으로 분출시키면 온도가 변하는 현상) 때문이다. 이 효과는 공기를 액화시킬 때나 냉장고에서 냉매를 냉각시킬 때 응용된다. 이 실험에서는 카트리지에서 빠져나온 액체 이산화탄소를 호스로 통과시키는 것이 주안점이다. 이산화탄소 분자들은 카트리지 안에서 높은 압력을 받고 있었기에 니펠 끝을 조금만 열어 주어도 쏜살 같이 밖으로 빠져나온다. 이때 이산화탄소 분자들은 높은 에너지를 필요로 하고, 주변으로부터 에너지를 얻는다. 이 과정에서 온도가 아주 내려가 액체 이산화탄소가 언다. 호스도 냉각되어 오랫동안 단추를 누르고 있으면 온도가 낮아져 호스가 뻣뻣해진다.

드라이아이스를 만드는 데 호스가 꼭 필요하냐고 묻는다면 호스 없이 한번 시험해보자. 드라이아이스가 만들어지지 않을 것이고, 이산화탄소는 흔적 없이 공기 중으로 증발할 것이다. 이산화탄소는 호스를 통해 보내질 때만이 제대로 냉각된다. 별 것 아닌 것처럼 보이는 관이 그 일을 해내는 것이다!

불을 끄는 이산화탄소

개조한 탄산수 제조기는 어느 정도 소화기로도 사용할 수 있다. 진짜 소화기 중 많은 것이 실제로 이산화탄소를 기본으로 한 것들이다. 탄산수 제조기를 거꾸로 들 필요는 없다. 탄산수 제조기에서 한동안 이산화탄소를 나오게 해 커다란 그릇에 이산화탄소를 채운 뒤, 작은 촛불에 부어 보자.

●
이산화탄소를 촛불 위에 '부으면' 촛불이 꺼진다.

이산화탄소 소리 듣기

이산화탄소 속에서는 음이 둔탁하게 들린다

조지프 프리스틀리도 '고정된 공기' 안에서는 음들이 더 둔탁하게 들린다는 것을 지적한 바 있다. 이후 클라드니를 비롯한 많은 연구자들이 그 현상을 연구했지만, 나중에는 완전히 잊혔다. 이산화탄소에서의 음 변화는 별로 눈에 띄지 않는다. 분간하려면 정확히 들어야 하지만 해볼 만한 실험이다. 실험을 위해서는 무선 전화기나 뭔가 소리가 나는 물건(똑딱이는 시계 같은), 키 큰 머그잔 두 개만 있으면 된다. 머그잔은 무선 전화기가 들어갈 수 있을 만큼 커야 한다. 머그잔이 아니라 다른 그릇도 무방하며, 전화기가 가장자리 위로 약간 삐져나와도 무방하다. 그리고 이산화탄소의 원천인 탄산수 제조기를 동원한다. 중요한 것은 컵이 높아서 전화에서 소리가 나오는 스피커 부분이 이산화탄소 속에 잠겨야 한다는 것이다.

실험 시작

- 머그잔에 이산화탄소를 채운 뒤 잔을 뚜껑으로 덮어 놓는다.
- 전화기는 스피커를 아래로 해 세워 놓고서, 1분 정도 울리게 한다. 이산화탄소를 채운 머그잔에 전화기를 넣어 소리를 듣는다.
- 계속 소리가 나는 상태에서 전화기를 꺼냈다가 다시 이산화탄소가 채워진 머그잔에 집어넣는다. 소리가 조금 크고 둔탁해진다는 걸 알 수 있을 것이다.

●
이산화탄소는 스피커와 음의 소리에 영향을 미친다. 전화기를 이산화탄소로 채운 컵에 넣으면 보통 공기가 담긴 컵보다 더 크고 둔탁한 소리가 난다.

마음속으로 그렇게 될 것이라고 생각했기 때문에 그런 차이가 느껴지는 것은 아닌지 의심이 드는 사람은 친구를 동원해 어떤 것이 이산화탄소가 담긴 컵인지 알지 못하게끔 한 상태에서 실험을 해보라. 이산화탄소가 담긴 컵을 쉽게 분간할 수 있을 것이다.

이산화탄소는 눈에 보이지 않는다?

보이지 않는 것은 불쾌하다. 보이지 않는 것이 위험한 것일 때는 특히 그렇다. 이산화탄소는 대부분 간접적으로만 감지할 수 있다. 그러나 특별한 상황에서는 이산화탄소를 볼 수 있다. 이산화탄소의 그림자가 생기기 때문이다.

실험 시작

- 커다란 컵에 이산화탄소를 채운다(호스를 컵 안에 담그고 탄산수 제조기의 단추를 눌러 잠시 이산화탄소를 컵 안으로 유입시킨다).
- 늦은 오후나 이른 오전, 햇빛이 방안에 비스듬히 비칠 때를 골라 벽 앞에 서서 벽에 자신의 그림자가 생기는지 확인한다.
- 그 상태에서 이산화탄소가 담긴 컵을 쏟는다. 그러면 벽에서 이산화탄소가 쏟아지면서 벽에 그림자가 생기는 것을 볼 수 있다.

이산화탄소는 식물의 먹이

개조한 탄산수 제조기와 커다란 피클 저장용 유리병 두 개 또는 뚜껑을 덮을 수 있는 커다란 용기 두 개를 준비한다. 큰 유리병에 들어갈 수 있는 작은 술잔 두 개와 크기가 엇비슷한 박하 가지 두 개도 준비한다. 박하는 여름에 쉽게 구할 수 있다. 야외에서 구하기 힘들면 슈퍼마켓이나 터키 식료품점, 또는 꽃집에서 구입하자.

이번 실험은 이산화탄소를 많이 공급해주면 식물의 성장이 뚜렷이 촉진된다는 것을 보여 준다. 네덜란드의 전문 원예업자들은 온실 재배에 이산화탄소를 비료로 사용하기도 한다. 특히 네덜란드

산 장미는 이산화탄소를 거름으로 해 자란 것이다. 이산화탄소는 식물에게 물 다음으로 중요한 성분이다. 식물의 모든 조직은 이산화탄소를 기본으로 구성된다. 식물이 광합성을 통해 이산화탄소를 탄소와 산소로 분해하는 것이다. 이산화탄소를 많이 공급해주면 식물이 더 잘 자란다.

실험 시작

- 다 먹은 피클 병 두 개를 마련해 잘 닦아 상표를 떼어 낸다.
- 한 병에는 이산화탄소라고 쓰고, 개조한 탄산수 제조기의 호스로 이 병에 이산화탄소를 채운다. 호스를 유리병 바닥에 향하게 하고, 탄산수 제조기 단추를 살짝 누르면 된다. 단, 위쪽 가장자리까지 이산화탄소를 채우면 안 된다. 너무 많으면 식물이 시들기 때문이다. 단추는 1~2초가량 누르는 것으로 충분하다. 그런 다음 병뚜껑을 닫아 밀봉해둔다.
- 박하 가지를 같은 길이로 두 개 잘라서(꽃이 없고, 갈색 잎도 없는 걸로), 물을 넣은 술잔에 꽂아 둔다.
- 박하 가지가 담긴 술잔 하나를 이산화탄소가 담긴 피클 병에 집어넣고, 다른 가지는 보통 공기가 담긴 피클 병에 넣는다. 가지가 가능하면 피클 병의 가장자리에 닿지 않도록 곧추 세우는 것이 중요하다. 박하 가지를 올바르게 넣었으면 피클 병을 마개로 덮는다.
- 두 병을 밝고 따뜻한 장소에 놓는다.
- 3주 후에 이산화탄소 온실 속의 박하 가지가 보통 공기 속의 박하 가지보다 더 잘 자란 것을 보게 될 것이다. 이산화탄소 외에 다른 조건들은 똑같았기 때문에 온실 속 박하 가지가 잘 자란 것은 이산화탄소 덕분이라는 것을 알 수 있다.

다른 식물로도 실험을 할 수 있다. 박하 가지 대신 잘 적신 탈지면 두 개에 호박씨 다섯 개씩을 올려서 하나는 이산화탄소가 담긴 피

왼쪽의 박하 가지 세 개는 3주간 보통 공기가 담긴 용기 속에 있었고, 오른쪽 세 개는 이산화탄소 농도가 높은 용기 속에 들어 있었다. 이산화탄소로 목욕을 한 박하 가지가 훨씬 더 잘 자란 것을 볼 수 있다. 전체적으로 훨씬 더 생기 있는 모습이다. 뿌리와 잎도 일반적인 조건에서 자란 것보다 훨씬 무성하다.

클 병에, 하나는 보통 피클 병에 넣어 보자. 이산화탄소가 담긴 피클 병 속의 씨는 싹을 더 늦게 틔운다. 싹이 날 때는 이산화탄소를 배출하므로, 이산화탄소 농도가 높은 곳에서는 싹을 틔우기가 힘들다. 그러나 일단 싹이 트고 나면 이산화탄소 쪽의 싹이 훨씬 무럭무럭 자란다.

박하 실험은 아주 오래된 실험이다. 앞서 이산화탄소의 역사에 대한 글에서도 자세히 살펴보았듯이, 조지프 프리스틀리가 광합성을 감지할 수 있었던 것도 박하와 그 향기 덕분이다. 프리스틀리의 발견에도 불구하고 사람들은 오랫동안 식물이 세포를 구성하기 위해 필요한 탄소(식물의 건조 성분은 40퍼센트 정도가 탄소로 이루어진다)를 부식토에서 얻는다고 생각했다. 부식토 이론은 19세기까지도 강세를 보였다. 사실 이 이론은 정곡을 찌르는 것이기도 하다. 이산화탄소는 토양 속의 분해 과정을 통해서 생겨나기 때문이다. 지면 가까운(숲의 토양 가까운) 곳이 위쪽 공기에 비해 이산화탄소 농도가 높다. 식물의 호흡기관인 기공이 잎 아래에 있는 것도 이런 이유가 한 몫할 것이다.

식물은 이산화탄소를 산소로 변화시킨다

산소가 애초부터 대기 중에 있었던 것은 아니다. 우리가 호흡하는 산소 분자는 거의 모두 식물, 말, 박테리아를 통해 생겨난 것이다. 식물이 산소를 만든다는 것을 실감하게 해주는 고전적인 실험이 있다. 실험을 위해서는 물 한 잔과 약간의 수생식물만 있으면 된다. 연못에 다량으로 서식하는 수초 엘로데아 카나덴시스(*Elodea canadensis*)로 실험을 하면 좋다. 이 수초는 애완동물 용품점이나 수족관 용품점에서 구할 수 있다.[*]

가지를 잘라낸 *Elodea canadensis*를 물을 채운 병에 거꾸로 넣어(포크로 고정시키면 거꾸로 된 상태를 유지하기가 쉽다) 햇빛이 비치는 쪽으로 가져다 놓으면, 자른 부분에서 곧 진주처럼 매력적인 작은 기포들이 뽀글뽀글 나오기 시작한다. 탄소동화작용을 통해 방출되는 산소다. 그늘에 가져다 놓으면 기포는 곧 더 엷어진다. 일반 물 대신에 끓인 물, 즉 이산화탄소를 제거한 물을 사용하면(그런 물은 밍밍

---

[*] *Elodea canadensis*는 북미 원산의 수초로, 검정말과 같은 자라풀과(Hydrocharitaceae)다. 독일과 달리 한국에서는 이 수초를 구할 수 없지만, 한국 독자는 검정말이나 다른 수초로 실험하면 된다. 검정말은 수족관 용품점이나 수초 판매장, 또는 인터넷 검색창에 '광합성 실험 검정말'로 검색하면 구입할 수 있는 사이트 정보가 나온다.

한 맛이 난다) 더 이상 기포가 생기지 않는다. 하지만 그 물에 약간의 이산화탄소를 첨가하면, 기포는 다시 강해진다. 원한다면 이렇게 발생한 산소를 모을 수도 있다.

필요한 재료

- 푸른 수생식물 약간
- 세척한 피클 병
- 유리 깔때기
- 시험관(또는 길다란 유리병)
- 성냥

실험 시작

- 피클 병에 물을 채우고 수생식물을 넣는다.
- 수생식물 위에 유리 깔때기를 덮는데, 이때 뾰족한 끝이 위쪽으로 오게 한다. 끝 부분까지 물을 채운다.
- 시험관에 물을 채운 뒤 시험관을 깔때기 위로 엎어 가능하면 시험관에 공기가 유입되지 않고 물만 빠져나오도록 한다.

실험을 모두 끝낸 뒤에는 조용히 기다리기만 하면 된다. 2~3주 지난 다음에는 시험관에 산소가 가득 찬다(햇볕을 얼마나 많이 쬐었느냐에 따라 결과는 다를 수도 있다). 성냥개비에 불을 붙여 시험관에 넣으면 훨씬 더 밝게 타오르는 것을 볼 수 있다.

식물도 숨을 쉰다

우리는 식물이 이산화탄소를 흡수하고 산소를 배출한다는 생각에 완전히 사로 잡혀서 종종 식물이 태양이 떠 있을 때만 그런다는 사실을 잊어버린다. 해가 지고 나서 깜깜해지면 어떤 일이 일어날까? 식물은 밤에 그냥 잠을 잘까? 식물은 밤에도 살고자 한다. 그러려면 우리와 똑같이 탄수화물을 연소하고 이산화탄소를 내보내야 한다.

실험 시작

- 컵 안에 갓 베어 낸 신선한 풀을 넣고 작은 접시로 뚜껑을 덮는다. 들뜨는 부분이 있으면 크림이나 바셀린을 약간 발라 공기를 차단한다. 다음 날 아침 유리병에 불붙인 성냥개비를 넣으면 곧장 꺼진다. 살아 있는 풀잎이 산소를 다 써 버린 것이다. 싹 난 강낭콩을 컵 안에 넣어도 똑같은 결과를 볼 수 있다.

동물, 사람, 식물이 수행하는 호흡은 연소 과정이다. 그렇다면 거기서 열도 방출되는 것은 아닐까? 인간과 정온동물의 체온은 호흡 덕분이다. 식물도 밤에 호흡하면 몸이 더워지지 않을까? 자연 속에서는 그런 일이 없으며, 잎과 곡식의 온도는 상온과 똑같다. 그러나 단순한 방법을 통해 식물이 우리와 똑같이 호흡하면서 생산하는 열을 느껴볼 수는 있다.

실험 시작

- 나뭇잎(버드나무나 배나무나 아까시나무)을 2~4킬로그램 딴 후에 밀봉이 가능한 스티로폼 박스에 넣는다(피크닉 박스나 택배를 보낼 때 쓰는 박스도 된다).
- 15~20시간 후에 뚜껑을 열고 나뭇잎들을 만져 보면 따뜻하다는 걸 느낄 수 있다.

> • 잎 몇 개를 빈 보온병에 넣고 온도계를 집어넣은 뒤, 솜뭉치로 입구를 막으면 온도계의 온도가 상승하는 것을 볼 수 있다. 손으로 확인하면 좋겠지만, 보온병에서 나뭇잎을 손으로 꺼내는 것이 쉽지 않다.

이런 열은 호흡에서 발생하는 열로, 우리는 이것으로 식물도 살아서 호흡하는 존재라는 것을 실감하게 된다. 여기서 열을 느낄 수 있는 것은 열이 빠져나갈 수가 없기 때문이다.

이런 실험을 맨 처음 소개한 생물학자 한스 몰리슈가 어릴 적에 식물에서 열이 난다는 걸 어떻게 실감했는지 들어 보자. "어느 날 가족들이 막 베어 낸 옥수수 이삭을 가져와 헛간에 수북이 쌓아 놓았어요. 다음 날 잎에서 이삭을 떼어 내는 것을 돕는데, 더미 깊숙이에 들어 있던 이삭이 뜨겁거나 따뜻하다는 것이 뚜렷하게 느껴졌죠. 호흡을 해서 열을 낸 것이었어요. 층층으로 아주 수북이 쌓아 놓았기에 열을 밖으로 발산하지 못해서 맨손으로도 느낄 수 있었죠."

콜라에는 상당히 많은 이산화탄소가 들어 있다

탄산수와 상당수의 음료에는 탄산이 많이 들어 있다. 음료 1리터 당 탄산이 4리터가 넘는다. 그러나 대부분 탄산이 느껴지지 않는데, 그도 그럴 것이 탄산이 서서히 빠져나오기 때문이다. 탄산이 한순간에 죄다 빠져나온다면 눈에 띌 것이다.

탄산이 한꺼번에 빠져나오게 하려면 어떻게 해야 할까? 인터넷에서 한창 주목을 끌며 세계인들을 즐겁게 했던 '콜라 멘토스 분수',

혹은 '콜라 분수' 실험을 통해서 해볼 수 있다. 인터넷을 검색하면 콜라 분수를 보여 주는 동영상이 많이 뜬다. 열 개 혹은 스무 개, 심지어 수 백 개의 콜라를 동원한 묘기도 있다(www.eepybird.com 참조). 라이트 콜라를 가지고 실험하면 가장 잘 된다. 라이트 콜라에는 일반 콜라보다 이산화탄소가 더 많이 용해되어 있기 때문이다. 일반 콜라는 당분이 많이 들어 있어 적잖이 포화 상태라 이산화탄소를 많이 받아들일 수 없다. 이 실험은 무조건 밖에서 해야 한다. 실내에서 하면 집이 완전히 엉망진창이 될 것이다.

준비물

- 라이트 콜라 1리터짜리 한 병
- 멘토스 캔디 네 개

실험 시작

- 멘토스 네 개를 라이트 콜라 병에 던지고 뒤로 물러선다. 네 개를 한꺼번에 넣어야 한다. 두 손에 두 개씩 잡고서 얼른 넣는다. 갑자기 이산화탄소가 분출되면서 콜라도 거의 다 함께 분출되어 정말로 볼 만한 분수가 만들어진다.

이산화탄소는 열을 낸다

태양은 지구를 비추고 지구를 달군다. 태양이 보내는 빛은 지표면에 의해 부분적으로 적외선(복사열)으로 변한다. 적외선은 눈에 보이지 않지만, 기온에 중요한 영향을 미친다. 지구가 계속해서 복사열을 방출하기 때문에 지면에 가까워질수록 공기는 더 데워진다. 보이지 않는 복사열의 존재를 느끼게 하는 몇몇 현상이 있다. 해가 쨍

쨍한 여름날 저녁쯤 시내로 산책을 나가면 하루 종일 햇빛에 달구어진 벽에서 열기가 느껴진다. 1~2미터 떨어져 걸어도 열기는 확연히 느껴진다. 겨울에도 복사열을 관찰할 수 있다. 아주 추운 날, 공원 의자나 트램폴린 아래에 난 풀에는, 위에 아무 것도 가릴 것이 없는 땅 위에 난 풀보다 거친 서리가 별로 없다. 트램폴린이나 의자가 밤에도 바닥 열기가 깡그리 상실되는 것을 막아 주어서 지면 온도가 낮이든 밤이든 다른 장소보다 높기 때문이다.

대기에는 이처럼 적외선을 흡수해 다시 대기로 방출하는 여러 기체가 있다. 수증기가 대표적이며, 이산화탄소, 메탄을 비롯한 미량 기체들도 그 일을 한다. 이런 기체들이 합쳐져 자연적인 온실효과를 낸다. 이처럼 자연스러운 온실효과가 없다면 지구의 평균 기온은 영하 18도 정도가 될 것이다. 온실효과는 인위적인 온실효과로 인해 더 강화되고 있는데, 인위적인 온실효과는 인간의 활동으로 인해 대기 중에 이산화탄소가 다량 유입되면서 발생한다.

이산화탄소가 실제로 지구를 데운다는 것도 실험을 통해서 알 수 있다. 이 실험은 매우 간단하지만, 준비가 상당히 까다로우며 세심하게 실행해야 한다.

준비물
- 2리터짜리 콜라 두 개
- 2리터짜리 투명 페트병 두 개
- 스탠드나 전등
- 정확한 온도계 두 개

실험 시작

- 2리터짜리 페트병을 빈 병으로 두 개 준비한다. 날카로운 칼을 이용해 페트병을 잘라, 약 20센티미터 높이의 용기를 두 개 만든다. 이 두 용기의 8센티미터 높이 되는 곳에 표시를 해 나중에 액체를 얼마만큼 채워야 할지 기준으로 삼는다.
- 이 표시로부터 5센티미터 더 떨어진 지점에 작은 구멍을 낸다. 이 구멍은 온도계를 끼울 용도이므로 지름은 온도계의 지름에 맞춘다.
- 콜라병 두 개 중 하나를 열어, 밤이 지나는 동안 탄산이 빠져나가도록 한다.
- 다음 날 용기 하나에는 밤새 탄산이 빠져나간 콜라를 눈금이 표시된 부분까지 붓고, 다른 용기에는 마개를 열어 놓지 않았던 콜라를 눈금이 표시된 부분까지 채운다.
- 탄산이 빠져나가지 않은 콜라에서 탄산이 약간 빠져 용기가 이산화탄소로 상당히 찰 때까지 약 30분 기다린다.
- 그런 다음 온도계를 구멍에 끼우고 두 용기를 전등이나 스탠드 아래 두고 불을 켠다.
- 빛은 콜라에 의해 복사열로 변한다. 1분에 한 번 씩 온도계 두 개에 나타나는 온도를 각각 표에 기록해둔다.
- 약 10분 후면 이산화탄소가 풍부한 공기가 들어 있는 용기의 기온이 더 따뜻하다는 것이 드러날 것이다(대부분은 드러난다). 기온의 차이는 1~2도다.
- 계속 데우면 이산화탄소가 용기에서 빠져나가서(참을성 있는 관찰자라면 확인할 수 있다) 10분 후부터는 두 용기의 측정치가 다시 비슷해진다.

가전제품이 이산화탄소를 방출한다

컴퓨터든 세탁기든 건조기든 간에 모든 가전제품은 이산화탄소를 만들어 낸다고 할 수 있다. 물론 직접적으로는 전류를 소비할 뿐, 이산화탄소를 생성하지는 않는다. 그러나 독일의 전기는 주로 화석 에너지원을 연소시켜서 얻는 것이고, 바로 이때 이산화탄소가 생겨난다.

전기 소비량을 측정하고, 전기 소비를 그램 당 이산화탄소로 환산하면 자기 집 가전제품이 어느 정도의 이산화탄소를 발생시키는지를 예측할 수 있다.

준비물

- 무료로 시립 박물관 같은 데서 빌려올 수 있는 전류계(시중에서 구입도 가능하다). 간단한 방법으로 전류계를 이산화탄소 측정기로 개조시킬 수 있다.

실험 시작

- 모든 전류계는 요금표를 입력할 수 있도록 되어 있다. 독일에서 1킬로와트시의 주거용 전기는 약 20센트다.
- 1킬로와트시는 평균 583그램의 이산화탄소를 생산한다(정확한 수치는 전력 공급자에게 문의해야 한다).
- 요금표에 20센트라고 입력하는 대신 583그램 또는 0.58킬로그램이라고 입력한다. 그러면 전류계는 측정하고 있는 가전제품이 평균적으로 몇 그램 내지 몇 킬로그램의 이산화탄소를 생산하는지를 표시해준다. 아주 흥미로운 정보다. 이런 식으로 환산할 수 없는 전류계라면, 간단한 계산법을 통해 소비한 킬로와트시를 바탕으로 이산화탄소 생산량을 계산할 수 있다.

전류계로 가전제품을 측정하면, 우리네 일상의 편의를 위해 얼마나 많은 연료가 연소되어야 하는지를 뼈저리게 느끼게 될 것이다. 더 중요한 것은 어느 가전제품이 특히 많은 에너지를 잡아먹고 있는지를 알 수 있다는 점이다. 그다지 사용하지 않는 작은 가전제품이 사용되지 않는 상태에서도 계속 전류를 먹는다는 것도 알게 될 것이다. 이러한 실험을 통해 사용하지 않는 기기는 콘센트를 빼거나 의식적으로 전자기기 사용을 줄임으로써 에너지를 아낄 수 있다. 에너지를 절약하는 김에, 절전 램프를 사는 것도 추천한다. 절전 램프는 보통 램프보다 전기 소비량이 훨씬 적다. 또한 램프로 인해 발생하는 이산화탄소는 일반적인 가전제품이 생산하는 이산화탄소의 일부분에 지나지 않는다.

자, 덧붙여서 재미난 생각을 해보자. 전류 공급이 현재와 다른 방식으로 이루어지면 어떤 일이 일어날까? 지금은 에너지 기업이 어딘가에서 석탄을 채굴하고, 석탄을 연소시켜 전기를 만들어 이 전기를 우리에게 파는 식으로 전류가 공급된다. 그런데 한순간 석탄 광산과 천연가스전과 우라늄 광산이 다 고갈된다고 해보자. 새로운 법에 따라 전기를 필요로 하는 모두가 나무를 수집해 발전소로 가져가고, 그곳에서 나무를 전기로 전환시킨다고 해보자. 1년에 평균적으로 소비하는 전력량을 충족시키려면 얼마나 많은 나무를 베어야 할까? 라디오, 세탁기, 텔레비전, 컴퓨터를 쓰기 위해 얼마나 커다란 수레를 매년 발전소로 끌고 가야 할까? 그걸 다 어떻게 계산할 수 있을까?

독일인은 가전제품을 사용하면서 연 평균 1,750킬로와트시의 전력을 소비한다. 전기를 1킬로와트시 생산하려면 마른 너도밤나무 같은 땔나무가 최소한 500그램 필요하다. 마른 너도밤나무 1킬로그램이면 5킬로와트시가 된다. 이것이 40퍼센트의 효율로 전기로 변환될 수 있다면, 1,750킬로와트시의 전력을 얻으려면 마른 너도밤나무 875킬로그램이 필요하다. 즉 매달 73킬로그램의 너도밤나무가 있어야 한다는 말인데, 굉장히 많은 양이다.

한편 가전제품을 통한 전력 소비는 우리가 소비하는 전체 에너지 소비량의 적은 부분에 지나지 않는다. 에너지가 가장 많이 들어가는 곳(그로써 이산화탄소를 가장 많이 방출하는 영역)은 난방과 온수다.

우리의 에너지 소비는 그것으로도 그치지 않는다. 자동차, 기차를 타고 다니고, 왕왕 비행기도 타기 때문이다. 독일인 1인 당 평균 전체 에너지 소비량(난방, 승용차, 모든 공장, 슈퍼마켓의 냉동고와 냉장고, 기차, 비행기, 화물차 등등 포함)은 적어도 연간 5만 6,000킬로와트시는 된다. 나무로 환산하면 한 달에 너도밤나무 약 2,336킬로그램이 들어가야 한다는 이야기다.

시몬 마이스너

화성으로 떠나는 가상 여행

장기적으로 호모 사피엔스는 지구를 떠나 가령 화성 같은 곳을 새로운 고향으로 삼아야 할 것이다. 그곳으로의 첫 걸음은…… 15만 년 전에 최초의 인류가 아프리카에서 탈출한 일과 버금가는 일이 될 것이다.

해리슨 슈미트, 아폴로 17호 우주비행사

경로
260일간 호만 궤도를 타원형으로 5억 8,670만 킬로미터 여행한다.

여행 가능 조건
우주비행 교육을 성공적으로 마친 사람. 신체적, 정신적으로 저항력이 뛰어난 사람(의사 진단서 필수). 가족여행에는 그다지 적합한 편 아님. 현지 투어는 관심사에 따라 개인적으로 할 수 있음.

화성은 태양계의 네 번째 행성이며 지구와 가장 가까운 이웃이다. 지구와의 거리는 두 행성의 위치에 따라 5,580만 킬로미터에서 3억 9,990만 킬로미터 사이를 왔다 갔다 한다. 때로는 거리가 아주 가까움에도 불구하고 화성은 지구의 하늘에서 빛이 약한 천체처럼 보인다. 크기가 지구의 반 정도밖에 되지 않기 때문이다. 그럼에도 인간들이 화성을 아주 일찌감치 알 수 있었던 것은 강렬한 오렌지 빛 때문이었다. 이런 색깔은 화성의 특이한 표면 상태에서 기인한 것

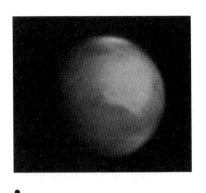

●
아마추어 망원경으로 본 지구의 이웃 행성 화성
(11밀리미터 슈미트 카세그레인식 망원경으로 찍었다)

으로, 화성의 표면은 주로 적갈색의 녹인 산화철로 덮여 있다. 붉은색은 육안으로 보아도 분간이 간다. 그래서 고대 그리스인들은 전쟁의 신 이름을 따서 화성을 아레스(Ares)라 불렀으며, 나중에 로마인들 역시 그들의 전쟁의 신 이름을 따서 마스(Mars)라고 불렀다.

화성은 집에서 아마추어 망원경으로 보아도 아주 잘 보인다. 200~300배만 확대해도 극 부분의 하얀 모자가 또렷이 보이고, 표면의 어두운 부분과 밝은 부분을 구별할 수 있다.

이웃 행성 화성은 지구와 여러모로 닮았다. 자전축의 기울기도 비슷하며 사계절도 뚜렷하다. 화성의 하루는 지구의 하루보다 그다지 길지 않다. 첫 눈에 보기에 지구와 비슷한 조건이라 하겠다. 하지만 화성에 인간과 비슷한 생물체가 거주할지도 모른다는 인간의 꿈은 이루어지지 않았다. 대기가 아주 엷어서 산소의 양이 극도로 적기 때문이다. 대신에 이산화탄소는 아주 많다. 화성은 이산화탄소, 먼지, 얼음으로 이루어진 세계다. 화성 대기에 이산화탄소 농도가 매우 높은 것이 그곳 기후에 어떤 역할을 할까? 화성에도 이산화탄소가 중요한 역할을 하는 탄소 순환이 있는 걸까? 흥미로운 질문이다. 이 질문에 대한 대답이 우리를 기다리고 있으니 화성 여행은 할 만한 가치가 있지 않은가!

나사에 따르면 2030년경은 되어야 인간이 최초로 화성에 발을 디딜 수 있다고 하지만, 우리는 그렇게 오래 기다리고 싶지 않다. 그래서 가상으로 화성 여행을 떠나려고 한다. 물론 출발하기 전에 아주 많은 준비를 해야 한다. 오래 체류하면서 방대한 자료를 조사하려면 비용도 많이 들고 준비도 많이 해야 하기 때문이다. 화성에 고작 하루 머물면서 관광이나 하려고 오고 가는 데만 200억 유로가 넘는 비용을 들일 사람이 어디 있겠는가.

화성 여행은 가고, 체류하고, 돌아오는 것을 포함해 족히 3년은 소요될 것이다. 이 시간에 우리는 신체적, 정신적으로 이전에는 상상하지 못했던 고생을 해야 한다. 무중력 상태에서 비행하는 동안 인간의 신체는 상당한 변화를 겪을 것이기 때문이다. 아래, 위 구분이 없어진 상태에서 두뇌는 시각적 착각을 일으킨다. 다리 부분의 체액이 가슴과 머리에 모이면서 얼굴은 눈에 띄게 붓게 된다. 심장과 다른 기관들도 확장되며, 평소와는 다른 분배로 인해 신체는 체액이 너무 많은 것으로 판단하고 배설을 더 원활히 하기 시작한다. 이를 통해 다시 미네랄과 전해질과 혈장을 잃게 된다. 적혈구 생산도 감소한다. 척추의 추간판(척추 사이의 연골)들이 확장되어 키가 180센티미터였던 남자는 곧 186센티미터가 되고, 심한 등 통증에 시달리게 된다. 하지만 매력적인 화성에 발을 디딜 수 있다는 설렘은 그런 불쾌한 것들을 기꺼이 견디게 해줄 것이다.

화성으로 떠나는 먼 길

화성은 직통 코스로 갈 수 없다. 5억 8,670만 킬로미터의 타원형 루트인 호만 궤도를 따라가야 한다. 거리가 엄청나지만, 이 궤도를 이

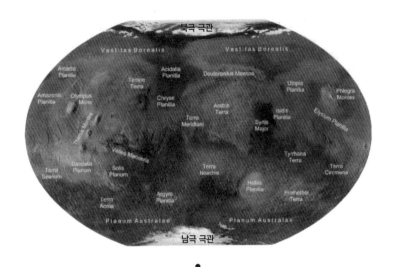

화성의 중요한 지역들이 기입된 화성 지도

용하는 것이 가장 경제적이고 에너지가 절약된다. 이 궤도를 통해 화성에 가는 데만 260일이 소요된다. 비용은 약 200억 유로가 드는데, 중대한 단점은 곧장 귀환하는 게 불가능하다는 것이다. 돌아올 때도 에너지를 아끼기 위해 마찬가지로 호만 궤도를 이용하고자 한다면 말이다. 우주선이 화성에 도착할 즈음이면 화성과 지구의 위치가 되돌아오기에는 적합하지 않을 수 있기 때문이다. 두 행성의 위치가 우리가 지구로 귀환하기에 적합해질 때까지는 460일을 기다려야 할 수도 있다. 따라서 유명한 관광지 견학을 포함한 화성 여행은 980일, 즉 2.7년이 소요될 것이다. 페르디난트 마젤란 (Ferdinand Magellan, 1519~1522)도 세계 일주를 하는 데 그 정도의 시간이 걸렸다. 물론 그는 세계 일주가 끝나기 전에 생을 마감했다.

우리의 화성 여행에 꼭 필요한 것은 나사가 몇 년 전 화성탐사선의 도움을 받아 작성한 화성 지도다. 이 지도에는 가장 중요하고 눈에 띄는 지역이 아주 자세히 묘사되어 있어서, 현지에서 유용할 것이다. 지도에 묘사된 지역과 지형 중 다수는 밀라노의 유명한 천문학자 조반니 스키아파렐리(Giovanni Virginio Schiaparelli, 1835~1910)가 19세기에 붙인 이름으로, 화성탐사선 오디세이의 이름처럼 고대의 신화나 고대의 우주론에서 유래한 것들이다.

출발 준비가 모두 끝나고 적절한 지도도 구했다면, 이제 여행을 떠나보자!

화성의 대기

약 260일 후, 우리의 우주선은 계획대로 별 지장 없이 붉은 행성에 착륙했다. 우리는 착륙장소로 크리세 평원을 선택했다. 크리세 평원은 적도 근처의 광활한 평원으로 붉은 모래와 어두운 현무암으로 이루어진 바위와 돌로 뒤덮여 있다. 이 정도 위도의 기후적 조건은 그래도 양호한 편이다. 화성 표면 평균 기온이 영하 40도 정도인데, 적도 근처는 정오 기온이 지역에 따라 영상 15도까지 올라가 쾌적하다.

크리세 평원에 착륙한 건 우리만이 아니다. 이미 1976년에 화성을 다녀간 미국의 화성탐사선 바이킹 1호와 1996년과 2003년에 화성의 매력적인 사진을 전송해온 패스파인더와 오퍼튜니티 호가 우리와 아주 가까운 곳에 착륙했었다.

앞으로 460일 후 지구 귀환 길에 오르기까지 화성에서 어떻게 보낼 것인지를 두고 우리는 방대한 프로그램을 짰다. 어마어마한 분화구인 마리네리스 협곡을 거쳐, 타르시스 몬테스(tharsis montes)라는 화산체로 유명한 지역인 타르시스에 가서 화성 최대의 화산인 올림푸스 몬스에 오르고자 한다. 이어 빙모가 있는 북쪽의 혹독하게 추운 지역으로 향할 것이며, 마지막으로 착륙한 곳으로 돌아와 귀환 준비를 할 것이다. 이것은 2만 6,000킬로미터 이상에 이르는 대장정이다. 이 장정을 통해 우리는 화성을 빙 둘러보고자 한다. 태양에너지와 배터리로 작동하는 오프로드 자동차를 이용해 제한된 시간에 어마어마한 구간을 지날 것이다. 기후 중립적인 차량을 이용하므로 붉은 행성(화성)의 이산화탄소 총계에 전혀 영향을 끼치지 않는다는 것을 자랑스럽게 주장하는 바이다.

적응 단계를 거친 후, 우리는 튼튼하고, 편리한 맞춤형 우주복을 입고 우주선을 떠났다. 화성에서 걸어 다니는 것은 지구에서 걸어 다니는 것과는 완전히 다르다. 중력이 비교적 약하다 보니 걸음을

●
화성 표면의 파노라마 사진. 미국의 화성탐사선 패스파인더 호가 찍은 것. 배경으로 높이가 약 50미터 되는 언덕 두 개가 보인다.

내딛는 데 지구에서 들던 에너지의 반밖에 들지 않는다. 하지만 걷는 속도는 지구에서 걷는 속도의 60퍼센트에 불과하다. 중력이 약한데, 우주복에 부피가 큰 기기가 다수 설치되어 있는 것도 속도를 늦추는 데 한몫한다.

첫 걸음을 내디딘 후, 잠시 멈추어 서서 매력적인 주변 경관을 둘러보았다. 광활하고, 돌이 많으며, 사막과 같은 경치가 지평선까지 펼쳐져 있었다.

하늘은 부드러운 캐러멜 색으로 빛났다. 지평선 근처의 하늘은 햇빛이 대기 중의 고운 먼지에 산란되어 붉은색에 가깝다. 하지만 낮 동안의 하늘빛은 어느 방향을 쳐다보느냐에 따라 계속해서 변한다. 특히 바람이 자는 정오의 하늘은 파르스름한 색깔을 띤다. 공기 중에 먼지가 별로 없어서 햇빛이 그다지 굴절되지 않기 때문이기도 하고, 태양이 지평선 근처에 있을 때보다 태양이 높이 떠 있을 때가 햇빛이 대기를 통과하는 거리가 짧기 때문에 더욱 파랗게 보인다. 하지만 대기가 엷다 보니 화성의 파란 하늘은 지구에서 볼 수 있는 파란 하늘보다는 훨씬 어두워서, 지구에서 해질녘에 비행기를 타고 1만~1만 2,000미터의 상공을 날면서 보는 하늘색과 비슷하다.

화성의 대기에서 멀리 드물게 구름도 보였다. 구름은 때로는 밝은 얼룩처럼, 때로는 엷은 그림자처럼 보였다. 화성의 구름은 물과 이산화탄소가 얼어서 생긴 결정들로 이루어진 안개다. 적도 부근에서도 기온이 영하 120도까지 내려가 공기 중의 이산화탄소도 얼어붙기 때문이다.

화성의 대기는 지구의 대기와 비교해 아주 엷다. 표면의 대기압은 약 5~10헥토파스칼밖에 되지 않아 지표면 대기압의 약 0.6퍼센트밖에 되지 않는다. 35~40킬로미터 상공의 지구 대기압에 해당하는 수치다. 아래쪽 화성 대기는 95퍼센트가 이산화탄소로 되어 있고, 질소가 2.7퍼센트, 아르곤이 1.6퍼센트를 차지한다. 그 밖에 산소와 수증기가 미량 포함되어 있는데, 산소와 수증기의 비율은 0.01~0.1퍼센트를 오간다.

오늘날 화성의 대기는 화성 발달 초기 단계의 뜨거운 마그마에서 빠져나온 가스들로 구성되어 있다. 화성의 집중적인 화산 활동기는 약 35억 년 전에 시작되어 2~3억년 내지 15억년 이어졌을 것으로 보이며, 이후에는 지역적으로 국한된 산발적 화산 활동이 계속되었다. 지구 대기와 달리 화성의 대기는 그로부터 그다지 변하지 않았다. 화산은 화성에서도 지구에서와 비슷한 역할을 했다. 지구에서도 화산 작용이 대기 중의 온실가스를, 특히 이산화탄소를 증가시키는 데 주도적인 역할을 했다. 지구에서는 화산이 매년 최대 3,000만 톤의 이산화탄소를 대기에 방출하는 반면, 화성의 화산은 완전히 꺼졌다. 최소한 오늘날의 지식으로는 그렇게 판단된다.

화성의 대기에서 이산화탄소의 비중이 높음에도 나타나는 온실효과는 미미한 수준이다. 그 이유는 대기가 얇고, 태양과의 거리가 지구보다 훨씬 멀기 때문이다. 지구와 태양과의 거리의 1.4배라서, 태양으로부터 받는 열에너지는 지구가 받는 열에너지보다 40퍼센트 정도가 적다. 하지만 화성이 지금과 같은 이산화탄소의 비율에, 지구만큼 대기의 밀도가 높고, 산소와 질소가 많다면 태양과의 거리가 멀어도 온실효과가 훨씬 더 컸을 것이다. 이산화탄소 비율이 0.038퍼센트 내지 380피피엠인 지구 대기에 비해, 화성에서의 이산화탄소 비율은 5.7퍼센트, 5,700피피엠에 이르기 때문이다. 즉 1세제곱미터의 화성 공기 속에는 똑같은 부피의 지구 공기에서보다 이산화탄소 분자가 15배나 많은 것이다. 대기의 밀도는 행성 전체의 온실효과와 열에너지 저장에 엄청난 중요성을 갖는다고 하겠다. 화성의 경우 온실효과가 극도로 미미하다 보니 표면 온도가 현저히 낮다. 화성의 기온은 기본적으로 낮 시간에 비치는 햇빛에 좌우되며, 그러다 보니 변동이 매우 심하다.

가장 낮은 기온을 보이는 곳은 얼어붙은 극지역으로 섭씨 영하 140도에 이른다. 그러나 여름 동안에는 이 지역도 영하 15도 정도까지 올라간다. 적도 부근에서의 낮 기온은 약 15도로 쾌적함을 느낄 정도지만, 밤이 되면 기온이 급격하게 떨어져 영하 80도까지 내려간다. 이런 기온에서는 대기 중의 이산화탄소도 얼어붙을 정도다. 겨울과 초봄, 늦가을에는 밤에 종종 밀도가 낮은 얼음 층이 생겨나는데, 이것은 서리 같은 것으로, 낮이 되어 기온이 오르면서 다시 사라진다.

그 밖에도 지금과 같은 기온과 압력 하에서는 흐르는 물이 아주 불안정해서, 지구에서와 같은 강수는 없다. 하지만 바닥 아래 어느 정도 깊이에는 거의 1년 내내 얼음이 존재한다는 걸 탐사선이 증명했다.

마리네리스 협곡과 타르시스 화산 지역

여러 날에 거쳐 남서쪽으로 향한 후 우리는 마리네리스 협곡에 닿았다. 마리네리스 협곡은 거대한 협곡과 비슷한 지형으로서, 동서쪽으로 2,500킬로미터 이상, 남북으로 150~700킬로미터 이상 뻗어

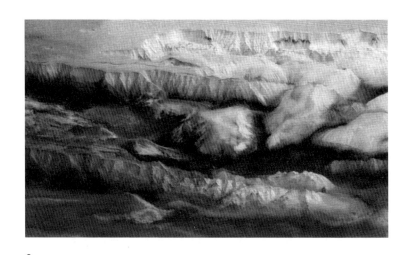

●
마리네리스 협곡의 주요 단면. 규모 면에서는 그랜드캐니언을 훨씬 능가한다.

있다. 협곡의 깊이는 부분적으로 7킬로미터에 이른다.

마리네리스 협곡은 그랜드캐니언을 훨씬 능가한다. 이 협곡은 비교적 정확히 적도 근처에 있어 화성의 지리적 구분선으로 작용한다. 전체적으로 볼 때 화성은 아주 비대칭이기 때문이다. 화성의 남반구는 북반구에 비해 분화구가 많아 달의 고원 지대와 여러 모로 비슷하다. 상당히 많은 운석 구덩이는 행성의 초기부터 있었던 것으로 화성의 지각이 상대적으로 연대가 오래 되었음을 알려 준다.

군데군데 아주 구불구불한 마리네리스 협곡을 따라 2,500킬로미터를 나아간 후, 우리는 협곡의 마지막 부분에 있는 평평한 고원에 이르렀다. 그곳은 기본적으로 다른 화성 지역과 다르다. 구덩이가 많은 남반구와는 달리 이 지역은 화성의 북반구가 전반적으로 그렇듯이, 태고 적의 엄청난 화산 활동에서 기인한 광활한 현무암 평원이다. 이 지역은 다니기가 힘들었던 마리네리스 협곡과는 달리 대부분 매끈하고 구덩이가 적어 오프로드 차량으로 쉽게 접근할 수 있다. 얼마 후 화성의 가장 큰 화산 네 개 중 세 개도 시야에 들어왔다. 이들은 북동쪽에서 남서쪽으로 1,600킬로미터에 걸쳐 직선으로 나란히 서 있다. 아스크라에우스 몬스, 파보니스 몬스, 아르시아 몬스다. 이들 각 화산의 높이는 15킬로미터가 넘어서 지구 화산들을 훨씬 능가한다. 이 화산들은 워낙 인상적이어서 발견 당시 화성 연구에 센세이션을 일으킨 바 있다.

타르시스 지역의 세 화산을 뒤로 하고 북서쪽으로 며칠을 달리자 드디어 화성 최대의, 아니 태양계 최대의 화산이 시야에 들어왔다. 바로 올림푸스 몬스다.

산 중의 산, 올림푸스 몬스

올림푸스 몬스로 가는 길에 우리는 광활한 평원을 횡단해야 했다. 지면은 얼어 있고 먼지로 뒤덮여 있었다. 일반적으로 화성의 지표면이 그렇듯이 이런 화산 평원도 아주 두꺼운 먼지 및 모래층으로 덮여 있어, 차량으로 지나가자 부분부분 깊은 자국이 패였다. 우리는 적갈색의 사구와 말라 버린 개천을 통과했는데, 이 지역에 원래 흐르는

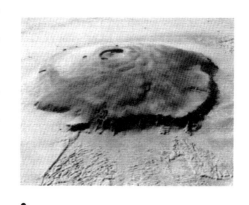

●
올림푸스 몬스의 3D 그래픽. 높이가 약 27킬로미터로 태양계 최대의 화산이다.

물이 있었다는 것을 암시해준다. 그러나 흐르는 물이 말라붙은 지는 오래되었다.

이른 아침 우리는 거대한 순상화산에 도착했다. 올림푸스 몬스의 지름은 600킬로미터에 달하고, 그 봉우리는 지표면으로부터 약 27킬로미터나 솟아 있다.

분화구의 구멍만 해도 지름이 80킬로미터가 넘고, 깊이는 부분적으로 3킬로미터에 달하는 칼데라 분지다. 한때 이곳에 현무암 마그마로 된 설설 끓는 호수가 있었고, 그로부터 엄청난 양의 용암이 측면으로 넘쳐서 아래쪽으로 흘러내렸다. 지구 최대의 순상화산인 하와이의 마우나 로아는 올림푸스 몬스와 비교해 면적은 5분의 1, 부피는 20분의 1도 되지 않는다. 에베레스트 산 역시 올림푸스 몬스와 비교하면 아주 작다. 올림푸스 몬스는 화성에서 비교적 최근에 생성된 것에 속하지만, 크기가 하도 커서 고대 그리스 신들의 본거지 이름을 따서 올림푸스 몬스(라틴어로 올림푸스 산이라는 뜻)라고 부른다.

얼마 후 우리는 적절한 통로를 찾아, 부분적으로는 3~5킬로미터 높이의 산비탈을 지나갔다. 이어 오프로드 차량은 최대 6도 기울기의 완만한 경사를 따라 산으로 올라갔다. 하루 동안 올라가면서 우리는 밤사이에 이산화탄소 얼음으로 된 서리와 안개가 덮여 약간 허여스름해진 부분들을 잇달아 발견했다. 이런 부분들은 오전이 지나면서 표면에 태양열을 받아 점점 사라지고 있었다.

드디어 봉우리에 오르자 약 27킬로미터 높이에서 숨 막히는 경관이 우리를 기다리고 있었다. 대기가 엷은데다 매우 높은 곳이라 먼지가 별로 없어 시야는 지평선까지 뻗어 나갔다. 저 멀리 아래쪽으로는 이 놀라운 세계의 적갈색 건조 지대가 펼쳐졌고, 순상화산의 발치에는 주변 지역에 범람했던 용암류가 굳어서 이루어진 물결무늬의 광활한 평원이 펼쳐졌다. 남동쪽으로는 또 다시 세 개의 커다란 타르시스 화산들이 보였는데, 이들은 꼭 올림푸스 몬스를 축소해놓은 것처럼 보였다. 그 세 화산의 봉우리에는 이산화탄소 구름이 몇몇 걸려 있었다. 아래쪽의 타르시스 지역에는 거대한 먼지 구름들이 화성 지표면 위에서 남동쪽으로 흘러가고 있었다. 우리가 올림푸스 몬스 봉우리로 올라가는 동안 그곳에서 상당한 먼지 소용돌이가 생긴 것이다.

얼마 뒤 우리는 다시 내려가야 했다. 자그마치 3,800킬로미터에 달하는, 이번 여행의 가장 긴 구간을 앞두고 있었기 때문이다. 우리는 북쪽 저지대 평원을 거쳐, 얼음이 덮인 화성의 북극 지역으로 갈 계획이었다.

옛날에는 화성에도 바다가 있었다?

북쪽 저지대로 가는 길에 우리는 이전에 강이었을 법한 계곡들을 통과했다. 가장자리를 따라 물이 흘렀던 흔적인 듯한 구조들을 발견했다. 마치 언덕에 신선한 물길이 지났던 것처럼, 흐르는 물에 의해서만 생성될 수 있을 법한 모습들이었다. 이런 흔적은 대기압이 낮음에도 특정 상황에서는 화성에도 흐르는 물이 있을 수 있음을 암시한다. 이것은 기후 순환과 관련이 있을 것으로 추정된다. 가령 추운 기간에는 얼음과 먼지로 된 얇은 층이 언덕을 덮고 있을지도 모른다. 그리고 햇빛이 이 고립 층을 통과하면서 데우면, 아래쪽 얼음이 녹아서 실개천이 되어 언덕 아래로 흘러내리다가, 결국은 지면에 흡수되거나 엷은 대기 속으로 증발될 수도 있다.

예전에 강이었을지도 모르는 계곡을 거쳐 우리는 마침내 북쪽 저지대에 도달했다. 북극으로 가는 길의 경치는 황량하고 단조로웠지만, 지질학적으로는 아주 흥미로운 지역을 통과했다. 화성 연구자들의 가설에 따르면, 이전에는 화성 대기의 밀도가 훨씬 높았을 것이다. 그래서 화성에 얼음이 얼지 않은 호수와 나아가 바다까지 있었을 것으로 보인다. 북쪽 저지대가 매우 평평하기 때문에 연구자들은 오랜 화성 역사에서 이 부분이 대양이 아니었을까 추측하고 있다. 게다가 북쪽 저지대의 바닥은 여러 층의 퇴적암으로 되어 있는 듯 하다.

화성의 초기 시대에 그곳이 정말로 대양이었다면, 대양은 당시의 기후와 화성 대기의 구성에 커다란 영향을 미쳤을 것이다. 대규모 면적에서 물이 증발함으로써 화성의 대기는 수증기가 풍부했을 것인데, 수증기는 이산화탄소보다 더 효율적인 온실가스다. 그 밖에도 지구에서와 마찬가지로 당시 화성의 바다는 화성의 이산화탄소 총계에 영향을 미치는 중요한 요소였을 것이다. 바닷물의 온도에 따라 대기 중의 이산화탄소가 탄산으로 바닷물에 녹거나, 다시 이산화탄소로 대기에 방출되거나 하기 때문이다. 만약 정말로 과거 화성의 대기 밀도가 지금보다 더 높았고, 지표면은 따뜻해서 물까지 흘렀다면, 물과 원래의 대기는 다 어디로 가버린 것일까? 몇몇 가설과 추측만으로는 아직 어둠 속에 묻힌 화성의 과거를 밝히기에 턱없이 부족하다.

북극 지역

몇 주간의 힘겨운 여행 끝에 드디어 북극의 빙모가 보이기 시작했다. 하얀 빙모는 지구에서 볼 때 화성 표면에서 가장 눈에 잘 띄는 부분이며, 주로 물이 얼어서 생긴 만년설과 만년빙으로 되어 있다.

크기 상으로 북극의 빙모와 남극의 빙모는 아주 차이가 크다. 북극의 빙모가 여름에도 지름이 약 1,000킬로미터, 두께도 3~4킬로미터에 달하는 반면, 남극의 빙모는 여름에 지름 약 350킬로미터, 두께 1~2킬로미터에 불과하다. 북극 빙모의 크기는 지구 그린란드 얼음의 절반에 해당하며, 화성 최대의 물 저장고다.

북극과 남극의 두 빙원은 대기 순환에 핵심적인 역할을 한다. 화성의 남반구, 북반구에서는 겨울동안 기온이 계속 하강해 이산화탄소마저 응축되어 빙모에 단단하게 침전되기 때문이다. 겨울에 두꺼

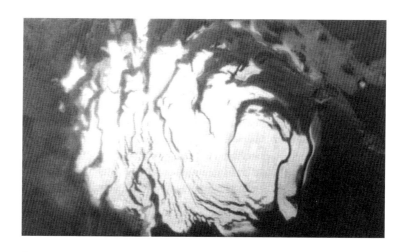

화성 남극의 빙모(2000년 여름). 맨 위층은 이산화탄소 얼음으로 이루어져 있다.

운 얼음 갑옷은 1~8미터 두께의 이산화탄소 층으로 뒤덮인다. 그 밖에도 북극의 빙모는 드라이아이스로 규모가 더욱 커져서 부분적으로는 위도 60도 정도까지 얼음이 확대된다. 이렇게 겨울 동안 이산화탄소가 침전되다 보니, 대기에서 이산화탄소가 많이 빠져나가고 대기압은 전체적으로 현저히 낮아진다. 이런 효과는 남반구의 추운 겨울에 가장 뚜렷이 느낄 수 있다. 남반구의 빙모는 규모는 작지만 북반구의 빙모보다 계절 변동이 더 심하기 때문이다. 이산화탄소는 계절이 바뀌면서 주기적으로 응축되었다가 다시 승화하는(즉 고체에서 기체로 변하는) 반면, 물은 1년 내내 거의 얼음으로 응고되어 있다. 그러므로 이산화탄소가 주기적으로 대기와 극지방을 오가는 것은 화성에서의 계절적인 탄소 순환이라고 명명할 수 있다. 지구에서처럼 복잡하게 구성되지는 않으며, 생물학적 요인은 완벽하게 결여되어 있지만 말이다.

지구로의 귀환과 착륙

2만 6,000킬로미터가 넘는, 근 1년간의 장기 여행 후에 우리는 지구로 귀환하고자 다시 착륙지점인 크리세 평원으로 되돌아왔다. 우주선은 거의 알아볼 수가 없을 정도였다. 표면은 바람과 모래로 인해 칠이 거의 다 벗겨져 있었다. 하지만 기기들은 모두 무리 없이 작동되는 상태였다. 정말이지 다행스러운 일이었다. 지구로 귀환하려면 다시 260일간 5억 8,630만 킬로미터를 여행해야 하기 때문이다. 화성으로 올 때와 마찬가지로 인간과 기계가 모두 엄청난 고생길에 오르는 것이다.

중력이 약하다 보니 출발은 비교적 쉬웠다. 지구에서 출발할 때는 초속 11.2킬로미터로 날아야 했지만, 포물선 궤도를 그리며 화성의 중력장에서 벗어나는 데는 초속 5.03킬로미터면 충분하다. 출발 후에 우리는 잠시 화성을 쳐다보며, 화성에서 얼마나 많은 구간을 여행했는지 다시 한 번 확인했다.

귀환 여행은 커다란 무리 없이 진행되었고 심한 난류 끝에 착륙한 우리는 후들거리는 다리로 다시 지구의 땅을 밟을 수 있었다. 얼굴이 새하얘졌고, 갑자기 커진 중력에 곧추설 수가 없었고 거의 실신할 지경이었다. 그동안 몸을 얼마나 혹사시켰던가를 생각하면 놀랄 일도 아니었다. 우리는 2009년에 지구를 출발한 이래 3년 동안 총 11억 7,300만 킬로미터를 여행했다. 보람찬 여행이었다. 지구의 이웃인 화성이 여러모로 지구와 비슷하다는 것을 알게 되었으니 말이다. 하지만 이런 공통점에도 불구하고 화성은 지구와 많이 다르다. 화성에서는 생명체를 발견할 수가 없었다.

몇 십억 년 동안 식물이 존재하지 않았다면 지구는 과연 어떤 모습이 되었을까? 식물이 광합성을 고안해 햇빛의 도움을 받아 이산화탄소와 물을 산소와 당으로 변화시켜, 35억 년 전에 30퍼센트였던 이산화탄소 농도를 오늘날의 0.038퍼센트로 감소시키지 않았더라면 지구는 화성처럼 주로 돌과 먼지로 이루어진 황량한 모습이었을 것이다. 또한 대기 중의 이산화탄소가 너무 높아서 극도의 온실 효과로 말미암아 금성처럼 기온이 뜨겁게 치솟았을 것이다.

화성 여행은 우리에게 많은 답변과 더불어 많은 질문을 안겨 주었다. 이 질문에 대한 답변은 다음 세대에게 넘기고 싶다.

집필진 소개

프리모 레비(Dr. Primo Levi)

1919년~1987년. 유대계 이탈리아 화학자이자 작가다. 1940년대에 이탈리아 빨치산 조직에 합류해 활동하다가 1943년에 파시스트 군대에 체포되어 1944년 2월 아우슈비츠로 이송되었다. 아우슈비츠에서 가까스로 살아남아 1947년에 나온 『이것이 인간인가』라는 책에 아우슈비츠에서의 경험을 담았다. 이 책 외에 화학적 고찰과 인간적인 회상을 탁월하게 결합시킨 『주기율표』(1975)로 세계적인 유명세를 얻었다. 이 책에 실린 텍스트는 『주기율표』의 21장에서 발췌한 것이다.

옌스 죈트겐(Dr. Jens Soentgen)

1967년생. 화학과 철학을 공부하고, 이어 물질의 개념에 대한 논문으로 철학 박사학위를 받았다. 독일의 여러 대학과 브라질에서 강의를 했다. 아르민 렐러와 함께 『역사를 바꾼 물질 이야기』 시리즈를 발간하고 있다. 2002년부터 아우크스부르크 대학 환경과학연구소 수석 연구원으로 활동하고 있다.

아르민 렐러(Prof. Dr. Armin Reller)

1952년생. 1992년에서 1998년까지 함부르크 대학 유기응용화학 연구소 정교수를, 1999년 이래 고체화학, 물질학 석좌교수를, 2009년부터는 아우크스부르크 대학 자원전략학 석좌교수를 역임하고 있다. 동시에 아우크스부르크 대학 환경과학연구소 대변인이며, 2006년에서 2008년까지 〈GAIA〉지 주간으로 활동했고, 현재는 〈Progress in Solid State Chemistry〉지의 발행인으로 활동하고 있다.

요아힘 헤르만(Joachim Herrmann)

1977년생. 종이제조기술자 과정을 이수한 뒤 아우크스부르크 대학에서 물리학을 전공했다. 현재 막스플랑크 플라스마 물리학 연구소 소속으로 에너지와 시스템 연구에 참여하고 있다.

프랑크 그륀베르크(Frank Grünberg)

1966년생. 물리학과 저널리즘을 공부한 프리랜서 저술가로 부퍼탈에 살고 있다. 경제, 학문, 기술 분야의 역사를 주제로 활발하게 글을 쓰고 있다.

하르트무트 자이프리트(Prof. Dr. Hartmut Seyfried)

1947년생. 슈투트가르트 대학에서 지질학을 전공하고 박사학위를 받았으며, 베를린 공대에서 교수자격을 취득했다. 5년간 중앙아메리카의 코스타리카 대학에서 교편을 잡다 마인츠 대학의 퇴적학교수로 자리를 옮겼고, 1989년부터는 슈투트가르트 대학 지질학과 고생물학 연구소 소장을 역임하고 있다. 1998년에 바덴 뷔르템베르크 주가 수여하는 우수강의상을 수상했다.

롤프 페터 지페를레(Prof. Dr. Rolf Peter Sieferle)

1972년생. 아우크스부르크 대학에서 환경경제학 박사학위를 받았고, 2000년에서 2008년까지 베를린 환경문제 전문가 협회 회원으로 활동했다. 2008년 가을 스트라우빙 학술센터 경제학 교수가 되어 재생원료를 중점적으로 연구하고 있다.

페트라 판제그라우(Dr. Petra Pansegrau)

1963년생. 언어학, 문학, 미디어교육학을 공부하고, 기후 토론의 메타포를 주제로 박사학위를 받았다. 빌레펠트 대학의 학문기술 연구소 소속으로 현재 과학의 대중 이해, 언론에 나타나는 학술적 묘사, 학술 저널리즘에서의 메타포, 대중문화 속의 학술 묘사를 연구하고 있다.

하이디 에셔-페터(Dr. Heidi Escher-Vetter)

1949년생. 뮌헨 루드비히 막시밀리안 대학에서 기상학을 전공했으며 1974년부터 빙하학을 이론적, 실험적으로 연구해왔다. 바이에른 학술 아카데미 빙하 분과 소속으로 티롤 지역 외츠탈 빙하의 빙하학적, 기상학적, 수문학적 데이터를 학술적으로 분석하고 있다.

유쿤두스 야코바이트(Prof. Dr. Jucundus Jacobeit)

1952년생. 1982년에 뷔르츠부르크 대학에서 물리 지리학 박사학위를 받았다. 1989년 아우크스부르크 대학에서 교수 자격을 취득했고, 1991년에서 2004년까지 뷔르츠부르크 대학 지리학과 교수를 역임했다. 2004년부터는 아우크스부르크 대학 교수로 물리 지리학과 양적 방법론을 강의하며, 기후 연구에 천착하고 있다. 2008년부터는 과학학술지 〈Advanced Science Letters〉의 부주필로도 활동하고 있다.

페터 체를레(Prof. Dr. Peter Zerle)

1972년생. 아우크스부르크 대학에서 환경 경제학 박사학위를 받고 2000년에서 2008년까지 베를린 환경문제 전문가 협회 회원으로 활동했다. 2008년 가을부터는 스트라우빙 학술센터 경제학 교수로 재생원료를 중점적으로 연구하고 있다.

시몬 마이스너(Dr. Simon Meissner)

1975년생. 아우크스부르크 대학에서 지리학을 공부하고 알프스의 지속 가능한 수자원 활용을 주제로 박사학위를 받았다. 2002년부터 동 대학 환경과학연구소에 몸담으며 경제 지리학, 자원 지리학, 학제 간 환경 연구에 천착하고 있다.

참고문헌

1장 보이지 않는 물질 이산화탄소

지질권과 생물권의 중개자

Bätzing, Werner (2003): Die Alpen-Geschichte und Zukunft einer europäischen Kulturlandschaft. München: C. H. Beck (1. Auflage 1984).

Seyfried, Hartmut (2005): Ein Planet organisiert sich selbst. In: Wechselwirkungen. Jahrbuch 2005, Universität Stuttgart, S. 70-105.

Field, Christopher B.; Raupach, Michael R. (eds.) (2004): The global carbon cycle. Intergrating humans, climate, and the natural world. Washington, Covelo, London: Island Press.

Wissenschaftlicher Beirat der Bundesregierung Globale Umweltveränderungen(WBGU) (Hrsg.) (2006): Die Zukunft der Meere-zu warm, zu hoch, zu sauer. Sondergutachten. Berlin.

Sabine, Chrisopher L. et al. (2004): Current status and past trends of the global carbon cycle. In: Field, Christopher B.; Raupach, Michael R. (eds.) (2004): The global carbon cycle. Intergrating humans, climate, and the natural world. Washington, Covelo, London: Island Press 2004, S. 17-44.

Walsh, Bryan (2008): Time, December 15, 2008, S. 44-47.

Sieferle, Rolf Peter (1982): Der unterirdische Wald. München: Beck'sche Schwarze Reihe, Band 266, C. H. Beck.

Internationales Wirtschaftsforum Regenerative Energien (IWR) (2008): Weltweiter CO2-Ausstoß. http://www.iwr.de/klima/ausstoss_welt.html (Abruf 30. Januar 2009).

Taylor, Michael; Tam, Cecilia; Gielen, Dolf (2006): Energy Efficiency and CO_2 Emissions from the Global Cement Industry. Draft Document for the IEA-Work-shop, Paris, 4./5. September 2006.

Rahmstorf, Stefan; Schellnhuber, Hans-Joachim (2006): Der Klimawandel-Diagnose, Prognose, Therapie. München: C. H. Beck.

Henseling, Karl Otto (2008): Am Ende des fossilen Zeitalters. München: oekom verlag.

Small, Alison (2008): Spotlight on forest monitoring. Food and Agriculture Organisation Newsroom: http://www.fao.org/newsroom/en/news/2008/1000884/index.html (Abruf am 30. Januar 2009).

Reller, Armin: Carbon Dioxide as Mediating Compound Between Organic and Inorganic Matter. Chimia 42, 1988, S. 87-90.

이산화탄소 배출량 계산하기

Allègre et al. (2001): Chemical composition of the Earth and the volatility control on planetary genetics. In: Earth and Planetary Science Letters, Volume 185, Issues 1-2, 15. February, 2001.

Bundesministerium für Wirtschaft (BMWi) (2008): Energiedaten, Nationale und Internationale Entwicklung. Stand 10. Juli 2008.

IEA (2008): Key World Energy Statistics 2008 [Die ausgewerteten Daten beziehen sich auf das Jahr 2006] (http://www.iea.org/).

IPCC (2007): Climate Change 2007-The Physical Science Basis. Contribution of Working Group I to the Fourth Assessment Report of the Intergovernmental Panel on Climate Change [Solomon, S., D. Qin, M. Manning, Z. Chen, M. Marquis, K.B. Averyt, M. Tignor and H.L. Miller (eds.)]. Cambridge University Press, Cambridge, United Kingdom and New York, NY, USA, 996 pp.

Kaltschmitt, Martin (2001): Energie aus Biomasse-Grundlagen, Techniken und Verfahren. Berlin: Springer-Verlag.

Kraftfahrtbundesamt (2007): CO_2-Emission-Benziner auf gutem Kurs, Pressemit - teilung 08/2007 (www.kba.de).

Öko-Institut: Globales Emissions-Modell Integrierter Systeme-GEMIS, Version 4.4, Stand 2007 (http://www.oeko.de/service/gemis/)

PCF Pilotprojekt Deutschland: Ergebnis-Symposium, 26. Januar 2009 in Berlin. Fallstudien (http://www.pcf-projekt.de/main/results/lessons-learned/).

Statistisches Bundesamt (2006): Umweltökonomische Gesamtrechnung 2006, (www.destatis.de).

Umweltbundesamt (2000): Leitfaden für Innenraumlufthygiene in Schulgebäuden. Berlin (http://www.umweltdaten.de/publikationen/fpdf-l/1824.pdf).

2장 이산화탄소의 역사

에너지 체계의 변천사

Fischer-Kowalski, Marina et al. (1997): Gesellschaftlicher Stoffwechsel und Kolonisierung von Natur. Ein Versuch in Sozialer Ökologie. Amsterdam: G+B Verlag Fakultas.

Fischer-Kowalski, Marina and Helmut Haberl (eds.) (2007): Socioecological Transitions and Global Change. Trajectories of Social Metabolism and Land Use. Cheltenham: Edward Elgar.

Freese, Barbara (2004): Coal. A Human History. London: Penguin Books.

Goldstone, Jack (2002): Efflorescence and Economic Growth in World History. Rethinking the »Rise of the West« and the Industrial Revolution. Journal of World History 13, S. 323-389.

Goudsblom, Johan (2004): Fire. A Socioecological and Historical Survey. In: Encyclopedia of Energy. Vol. 2. Amsterdam: Elsevier Academic Press, S. 669-81.

Haberl, Helmut (2001): The Energetic Metabolism of Societies. Part I: Accounting Concepts. Journal of Industrial Ecology 5, S. 11-33.

Krausmann, Fridolin, Heinz Schandl and Rolf Peter Sieferle (2008): Socio-ecological regime transitions in Austria and the United Kingdom. Ecological Economics 65, S. 187-201.

Malanima, Paolo (2006): Energy crisis and growth 1650-1850. The European deviation in a comparative perspective. Journal of Global History 1, S. 101-122.

Pomeranz, Kenneth (2006): Without Coal? Colonies? Calculus? Counterfactuals and industrialization in Europe and China. In: Philip E. Tetlock et al. (eds.): Unmaking the West. Ann Arbor: University of Michigan Press, S. 241-76.

Pyne, Stephen J. (2001): Fire. A Brief History. Seattle: University of Washington Press.

Sieferle, Rolf Peter, Fridolin Krausmann, Heinz Schandl, Verena Winiwarter (2006): Das Ende der Fläche. Zum gesellschaftlichen Stoffwechsel der Industrialisierung. Köln: Böhlau.

Sieferle, Rolf Peter (Hg.) 2008: Transportgeschichte. Berlin: LIT Verlag.

Wrigley, Edward A. 1988: Continuity, Chance, and Change. The character of the industrial revolution in England. Cambridge: Cambridge University Press.

끔찍한 신, 위험한 기체

Amelung, Walther; Evers, Arrien (1962): Handbuch der Bäder- und Klimaheilkunde. Stuttgart: Friedrich-Karl Schattauer-Verlag.

Arrhenius, Savante (1896): On the Influence of Carbonic Acid in the Air Upon the Temperature of the Ground. In: The London, Edinburgh, and Dublin philosophical magazine and jounal of science, London, Heft 41, S. 237-276.

Arrhenius, Savante (1901): Über die Wärmeabsorption durch Kohlensäure und ihren Einfluss auf die Temperatur der Erdoberfläche. In: Öfversigt af Kongliga Vetenskaps-Akademiens förhandlingar. Stockholm: Heft 58. S. 25-48.

Asong, Linus T. (1987): Bole Butake's Lake God. A prototypical mythoeic drama. In: Cameroon Tribune, 02.06.1987, S. 15.

Barney Stephen A. et al. (2006): The Etymologies of Isidore of Seville. Cambridge: Cambridge University Press.

Berzelius, Jöns Jacob (1814): Essay on the cause of chemical proportions, and on some curcumstances relating to them; together with a short and easy method of expressing them. Annals of Philosophy 3, S. 51-62, 93-106, 244-257, 353-364.

Butake, Bole (1986): Lake God. Yaounde: Bet & Co (Pub.) Ltd.

Crawford, Elisabeth (1996): Arrhenius. From Ionic Theory to the Greenhouse Effect. USA: Science History Publications.

Ekholm, Nils (1901): On the variations of climate. In: Quarterly journal of the Royal Meteorological Society, Reading: Heft 27, S. 1-62.

Etiope, Guiseppe et al. (2006): The geological links of the ancient Delphic Oracle (Greece): A reappraisal of natural gas occurence and origin. Geology 34, 10 , S. 821-824.

Fernandez, Rosa Maria Aguilar Fernández (1994): El concepto de anathymíasis en Plutarco. In: Manuela García Valdés (ed.): Estudios sobre Plutarco: Ideas Religiosas. Actas del III Simpoio International sobre Plutarco. Madrid: Ediciones Clásicas, S.25-31.

Fontenrose, Joseph (1978): The Delphic Oracle. Its Responses and Operations. Berkeley, Los Angeles: University of California Press.

Frech, Fritz (1902): Studien über das Klima der geologischen Vergangenheit. In: Zeitschrift der Gesellschaft für Erdkunde. Berlin, Band 1902, S. 611-693.

Frech, Fritz (1908): Über das Klima der Geologischen Perioden. In: Neues Jahrbuch für Mineralogie, Geologie und Paläontologie. Stuttgart, Band 1908, S. 74-86.

Gehler, Johann Samuel Traugott (1790): Physicalisches Wörterbuch oder Versuch einer Erklärung der vornehmsten Begriffe und Kunstwörter der Naturlehre. Leipzig: Schwickertscher Verlag. Darin: Artikel Gas, mephitisches; Gas, atmosphärisches; Gas, phlogistisiertes; Gas, dephlogistisiertes; Kohlenstoff; Parkerische Maschine.

Golas, Peter J. (1984): Mining. In: Joseph Needham: Science and Civilisation in China. Cambridge: Cambridge Univeristity Press, Vol. 5 Chemistry and Chemical Technology, Part 13, S. 186-203.

Hales, Stephen (1731): Statical essays: containing vegetable staticks; or, an account of some statical experiments on the sap in vegetables. Vol. I. By Stephen Hales. The second edition, with amendments London. Eingesehen als gescannte Onlineres source unter Eigteenth Century Collections Onlilne, www.galenet.galegroup.com.

Hartmann, Bernd (2005): Natürliche Kohlensäurequellen und Mofetten: Evidente Kurmittel-CO_2: Schulmedizinisches Heilmittel und Arzneimittel. In: Heilbad und Kurort, Zeitschrift des Deutschen Heilbäderverbandes e.V., Bonn: 57. Jahrgang, Heft 11-12/ 2005, S. 193-194.

Fourier, Jean-Baptiste Joseph (1890): Mémoire sur les températures du globe terrestre. In: M. Gaston Darboux: Oevres de Fourier. Paris: Gauthier-Villars et fils, S. 97-111.

Fourier, Jean-Baptiste Joseph (1890): Extrait d'un mémoire sur le refroidissement séculaire du globe terrestre. In: M. Gaston Darboux: Oevres de Fourier. Paris: Gauthier-Villars et fils, S. 271-273.

van Helmont, Johann Baptist und Knorr von Rosenroth, Christian (Übersetzer und Herausgeber) 1971 (1683): Aufgang der Artzney-Kunst. Bd 1. München: Kösel-Verlag.

van Helmont, Johann Baptist und Knorr von Rosenroth, Christian (Übersetzer und Herausgeber) 1971 (1683): Aufgang der Artzney-Kunst. Bd2.München: Kösel-Verlag.

Klein, Ursula (2003): Experiments, Models, Paper Tools. Cultures of Organic Chemistry in the Ninetheenth Century. Stanford University Press, Stanford, California 2003.

Lehwess-Litzmann, Ingeborg (1943): Kohlensäure-Vergiftungen. In: Archives of Toxicology. Berlin: Springer, Vol. 12, Nr. 1, S. 29-57.

Lersch, Bernhard Maximilian (1863): Der Kultus des Wassers. In: Geschichte der Bal neologie, Hydroposie und Pegologie oder des Gebrauches des Wassers zu religiösen, diätetischen und medicinischen Zwecken. Würzburg: Verlag der Stahel'schen Buch- und Kunsthandlung.

Lavoisier, Antoine Laurent de (1796): Elements of chemistry, in a new systematic order, containig all the modern discoveries. Third edition, with notes, tables, and considerable additions Edinburgh. Zitiert nach Eighteenth Century Collections Online. Gale Group.

Morveau, Lavoisier, Bertholet & de Fourcroy (1787): Méthode de Nomenclature chimique. Paris: Cuchet.

Ndzana, Vianney Ombe (1986): Catastrophe de Wum: Le Message de Ngumba. In: Afrique Asie, 21.09.1986, S. 38-40.

Nordack, W. (1937): Der Kohlenstoff im Haushalt der Natur. In: Angewandte Chemie, 50. Jahrgang, Nr. 28, S. 505-510.

Norton, Trevor (2001): In unbekannte Tiefen. Taucher, Abenteurer, Pioniere. Berlin: Rütten & Loening.

Pagel, Walter (1962): The wild spirit (Gas) of John Baptist von Helmont and Paracelsus. In: Ambix, Cambridge: Heft. 10, S. 1-13.

Pagel, Walter (1982): Paracelsus. An Introduction to Philosophical Medicine in the Era of the Renaissance. Basel, New York: Krager.

Pansegrau, Petra (2000): »Klimaszenarien, die einem apokalyptischen Bilderbogen gleichen« oder »Leck im Raumschiff Erde«. Eine Untersuchung der kommunikativen und kognitiven Funktionen von Metaphorik im Wissenschaftsjournalismus anhand der Spiegelberichterstattung zum »Anthropogenen Klimawandel«. Bielefeld: Dissertation zur Erlangung der Doktorwürde.

288

Paracelsus, Theophrastus (1976): Theophrastus Paracelsus Werke. Band 2. Medizinische Schriften. Basel, Stuttgart: Schabe & CO AG.

Pausanias (2004): Beschreibung Griechenlands. Hg. und übersetzt von Jacques Laager. Zürich: Manesse.

Pettenkofer, Max (1858): Über den Luftwechsel in Wohngebäuden. München: J.G. Cotta'sche Buchhandlung.

Piccardi, Luigi; Masse, W. Bruce (eds.) (2007): Myth and Geology. London: The Geological Society.

Piccardi, Luigi et al. (2008): Scent of a myth: tectonics, geochemistry and geomythology at Delphi (Greece). In: Journal of the Geological Society, London, Vol. 165, 2008, S. 5-18.

Plinius Secundus, Gaius (1993): Naturkunde. Lateinisch-deutsch. Buch 23: Medizin und Pharmakologie. Heilmittel aus Kulturpflanzen. München und Zürich: Artemis & Winkler.

Plinius Secundus, Gaius (1994): Naturkunde. Lateinisch-deutsch. Buch31: Medizin und Pharmakologie. Heilmittel aus dem Wasser. München und Zürich: Artemis & Winkler.

Priestley, Joseph (1774): Experiments and Observations on Different Kinds of Air. Ldon, J. Johnsonn. Digitalisiert unter: http://echo.mpiwg-berlin.mpg.de/home.

Priestley, Joseph (1778): Versuche und Beobachtungen über verschiedene Gattungen der Luft. Theil 1. Aus dem Englischen. Wien, Leipzig: Rudolph Gräffer. Digitalisiert unter: http://echo.mpiwg-berlin.mpg.de/home.

Pringle, John, Sir (1773): A discourse on the different kinds of air, delivered at the Anniversary Meeting of the Royal Society, November 30, 1773. In: Six discourses, delivered by Sir John Pringle, Bart. when president of the Royal Society; on occasion of six annual assignments of Sir Godfrey Copley's medal. To which is prefixed The life of the author. By Andrew Kippis, London, 1783, S. 1-41. Eighteenth Century Collections Online. Gale Group. http://galenet. galegroup.com/servlet/ECCO.

Reuter, Karl (1914): Über Kohlensäurevergiftung, insbesondere als Mittel zum Selbstmord. In: Friedreichs' Blätter für gerichtliche Medizin und Sanitätspolizei. Nürnberg: Heft 65, S. 161-202.

Seneca, Lucius Annaeus (1990): Naturwissenschaftliche Untersuchungen in acht Büchern. Eingeleitet, übersetzt und erläutert von Otto und Eva Schönberger. Würzburg: Königs-hausen und Neumann.

Shanklin, Eugenia (1988): Beautiful deadly lake nyos. In: Anthropology today. Oxford: Heft 1, S. 12-14.

Sinjoh, Nestor Kimbe (1997): Ten Years after the Lake Nyos Kisaster. Its Causes and Effects from the Bum Survivors' Perspective. Buea: University of Buea.

Soloviechik, Samuel (1962): The Last Fight for Phlogiston and the Death of

Priestley. In: Journal of Chemical Education, Vol. 39, Nr. 12, S. 644-646.

Ströker, Elisabeth (1982): Theoriewandel in der Wissenschaftsgeschichte. Chemie im 18. Jahrhundert. Frankfurt am Main: Klostermann.

Tyndall, John (1898): Die Gletscher der Alpen. Braunschweig: Friedrich Vieweg und Sohn.

P. Vergilius Maro: Aeneis (2005): Lateinisch-deutsch. Herausgegeben und übersetzt von Gerhard Fink. Düsseldorf: Artemis und Winkler.

Weart, Spencer R. (2003): The Discovery of Global Warming. Cambridge, London: Harvard University Press.

미디어에 비친 이산화탄소

Marcinkowski, Frank (1993): Publizistik als autopoietisches System. Politik und Massenmedien. Eine systemtheoretische Analyse. Opladen: Westdeutscher Verlag.

Pansegrau, Petra (2000): »Klimaszenarien, die einem apokalyptischen Bilderbogen gleichen« oder »Leck im Raumschiff Erde«. Eine Untersuchung der kommunikativen und kognitiven Funktionen von Metaphorik im Wissenschaftsjournalismus anhand der Spiegelberichterstattung zum ›Anthropogen Klimawandel‹. Dissertation Universität Bielefeld, Fakultät für Linguistik und Literaturwissenschaft (http://bieson.ub.uni-bielefeld.de/volltexte/2005/648/pdf/Dissertation_Klimametaphern_Pansegrau.pdf).

Pansegrau, Petra (2007): »Winds of Change«. Der globale Klimawandel im Spannungsfeld zwischen Wissenschaft, Politik und Medien. In: Vorgänge-Zeitschrift für Bürgerrechte und Gesellschaftspolitik 179, S. 102-109.

Weingart, Peter; Engels, Anita; Pansegrau, Petra (2002/2008): Von der Hypothese zur Katastrophe. Der anthropogene Klimawandel im Diskurs zwischen Wissenschaft, Politik und Massenmedien. Opladen: Barbara Budrich Verlag 2002 (2.Auflage 2008).

3장 이산화탄소와 기후변화

내일의 기후에 대해

Broecker, Wallace S. (1991): The great ocean conveyor. In: Oceanography 4, S. 79-91.

Cubasch, Ulich; Kasang, Dieter (2000): Anthropogener Klimawandel. Stuttgart: Gotha. Della-Marta, Paul M. et al. (2007): Doubled lenght of western european summer heat waves since 1880. In: Journal of Geophysical Research, 112,

D15103, doi:10.1029/2007JD008510.

Emanuel, Kerry (2005): Increasing destructiveness of tropical cyclones over the past 30 years. In: Nature, 436, S. 686-688.

Endlicher, Wilfried; Gerstengarbe, Friedrich-Wilhelm (Hrsg.) (2007): Der Klimawandel- Einblicke, Rückblicke und Ausblicke. Potsdam.

Endlicher, Wilfried (2007): Das Unbeherrschbare vermeiden und das Unvermeidbare beherrschen- Strategien gegen die gefährlichen Auswirkungen des Klimawandels. In: Endlicher, Wilfried; Gerstengarbe, Friedrich-Wilhelm (Hrsg.): Der Klimawandel - Einblicke, Rückblicke und Ausblicke. Potsdam, S. 119-131.

Gerstengarbe, Friedrich-Wilhelm; Werner, Peter C. (2007): Der rezente Klimawandel. In: Endlicher, Wilfried; Gerstengarbe, Friedrich-Wilhelm (Hrsg.): Der Klimawandel- Einblicke, Rückblicke und Ausblicke. Potsdam, S. 34-43.

IPCC (Intergovernmental Panel on Climate Change) (2007): Climate Change 2007- The Physical Science Basis.

Jacob, Daniela (2007): Regionale Folgen des globalen Klimawandels. In: Müller, Michael et al. (Hrsg.): Der UN-Weltklimareport. Köln: Kiepenheuer & Witsch, S. 229-232.

Jacobeit, Jucundus (1993): Möglichkeiten und Probleme der Abschätzung zukünftiger Klimaänderungen. In: Würzburger Geographische Arbeiten, 87, S. 419-430.

Jacobeit, Jucundus (2002): Klimawandel- natürlich bedingt, vom Menschen beein - flusst. In: Löffler, Günter; Voßmerbäumer, Herbert (Hrsg.): Mit unserer Erde leben. Würzburg: Königshausen & Neumann, S. 165-184.

Jacobeit, Jucundus (2007): Zusammenhänge und Wechselwirkungen im Klimasystem. In: Endlicher, Wilfried; Gerstengarbe, Friedrich-Wilhelm (Hrsg.): Der Klimawandel - Einblicke, Rückblicke und Ausblicke. Potsdam, S. 1-16.

Jacobeit, Jucundus (2008): Neuere Perspektiven des Klimawandels. In: Kulke, Elmar; Popp, Herbert (Hrsg.): Umgang mit Risiken- Katastrophen, Destabilisierung, Sicherheit. Bayreuth/Berlin, S. 115-155.

Keenlyside, Noel S. et al. (2008): Advancing decadal-scale climate prediction in the North Atlantic sector. In: Nature, 453, S. 84-88.

Knight, Jeff R. et al. (2005): A signature of persistent natural thermohaline circulation cycles in observed climate. In: Geophysical Research Letters, 32, L20708.

Kusch, Wolfgang (2007): Der Klimawandel ist bei uns angekommen. In: Müller, Michael et al. (Hrsg.): Der UN-Weltklimareport. Köln: Kiepenheuer & Witsch, S. 132-137.

Latif, Mojib (2007): Wie stark ist der anthropogene Klimawandel? In: Müller, Michael et al. (Hrsg.): Der UN-Weltklimareport. Köln: Kiepenheuer & Witsch, S. 186-189.

Lean, Judith; Rind, David (1998): Climate forcing by changing solar radiation. In: Journal of Climate, 11, S. 3069-3094.

Lemke, Peter (2003): Was unser Klima bestimmt: Einsichten in das System Klima. In: Hauser, Walter (Hrsg.): Klima. Das Experiment mit dem Planeten Erde, S. 160 179. Lorenz, Edward N. (1976): Nondeterministic theories of climatic change. In: Quater - nary Research, 6, S. 495-506.

Nakicenovic, Nebojsa; Swart, Rob (eds). (2000): Emissions Scenarios 2000. Special Report of the Intergovernmental Panel on Climate Change. Cambridge University Press, Cambridge.

Paeth, Heiko (2007): Klimamodellsimulationen. In: Endlicher, Wilfried; Gerstengarbe, Friedrich-Wilhelm (Hrsg.): Der Klimawandel- Einblicke, Rückblicke und Ausblicke. Potsdam, S. 44-55.

Schär, Christoph et al. (2004): The role of increasing temperature variability in European summer heatwaves. In: Nature, 427, S. 332-336.

Schönwiese, Christian-D.; Staeger, Tim; Trömel, Silke (2004): The hot summer of 2003 in Germany. Some preliminary results of a statistical time series analysis. In: Meteorologische Zeitschrift, 13(4), S. 323-327.

Schönwiese, Christian-D. (2007): Wird das Klima extremer? Eine statistische Perspektive. In: Endlicher, Wilfried; Gerstengarbe, Friedrich-Wilhelm (Hrsg.): Der Klimawandel- Einblicke, Rückblicke und Ausblicke. Potsdam, S. 60-66.

Stocker, Thomas F. (1999): Abrupt climate changes: from the past to the future- a review. In: International Journal of Earth Sciences, 88, S. 365-374.

von Storch, Hans; Güss, Stefan; Heimann, Martin (1999): Das Klimasystem und seine Modellierung. Geesthacht/Hamburg/Jena: Springer.

Werner, Peter C.; Gerstengarbe, Friedrich-Wilhelm (2007): Welche Klimaänderungen sind in Deutschland zu erwarten? In: Endlicher, Wilfried; Gerstengarbe, Friedrich- Wilhelm (Hrsg.): Der Klimawandel- Einblicke, Rückblicke und Ausblicke. Potsdam, S. 56-59.

Wigley, Tom (2001): The Science of Climate Change. In: Claussen, Eileen (ed.): Climate Change- Science, Strategies, & Solutions. Leiden/Boston/Köln: Brill Academic Publishers, S. 6-24.

이산화탄소 포집 기술

BMU (Bundesministerium für Umwelt Naturschutz und Reaktorsicherheit); BMWI (Bundesministerium für Wirtschaft und Technologie) (2006): Energieversorgung für Deutschland. Statusbericht für den Energiegipfel am 3.April 2006. Berlin.

U.S. Department of Energy (DOE) (2008): DOE Announces Restructured FutureGen Approach to Demonstrate CCS Technology at Multiple Clean Coal Plants. Washington, DC: DOE. http://www.energy.gov/news/5912.htm (aufgerufen am 17. September 2008).

IEA (Internationale Energieagentur) 2007: World Energy Outlook 2007.

SRU (Sachverständigenrat für Umweltfragen) (2004): Umweltgutachten 2004. Umweltpolitische Handlungsfähigkeit sichern. Baden-Baden: Nomos Verlagsgesellschaft.

SRU (Sachverständigenrat für Umweltfragen) (2008): Umweltgutachten 2008. Umweltschutz im Zeichen des Klimawandels. Berlin: Erich Schmidt Verlag.

Watson, Claire (2007): Statoil and Shell decide against carbon capture project. London: Business Review. Energy Business review online 02.07.2007. http://www.energy-business-review.com/article_news.asp?guid=93A4AF76-7450-4BE1-A08D-43F82D75DBAA (aufgerufen am 17. September 2008).

WBGU (Wissenschaftlicher Beirat der Bundesregierung Globale Umweltveränderungen) (2006): Die Zukunft der Meere- zu warm, zu hoch, zu sauer. Berlin: WBGU-Sondergutachten.

Wuppertal Institut (Wuppertal Institut für Klima, Umwelt, Energie), DLR (Deutsches Zentrum für Luft- und Raumfahrt), ZSW (Zentrum für Sonnenenergie- und Wasserstoff-Forschung), PIK (Potsdam-Institut für Klimafolgenforschung) (2007): RECCS. Strukturell-ökonomisch-ökologischer Vergleich regenerativer Energie-technologien (RE) mit Carbon Capture and Storage (CCS). Berlin: Bundesminis-terium für Umwelt Naturschutz und Reaktorsicherheit.

4장 이산화탄소 실험과 여행

화성으로 떠나는 가상 여행

Albee, Arden L. (2004): Die unirdischen Landschaften des Mars. In: Spektrum der Wissenschaft - Dossier: Der Mars. Ausgabe 3/2004, S. 58-67.

Benson, Michael (2004): Jenseits des Blauen Planeten. München: Knesebeck Verlag.

Blunck, Jürgen (1977): Mars and Its Satellites. A Detailed Commentary on the Nomenclature. Hicksville, New York.

Gaede, Peter-Matthias (Hrsg.): GEO-Themenlexikon. Band 4 - Astronomie. Mann-heim 2007.

Long, Michael E. (2001): Überleben im Weltall. In: National Geographic. Ausgabe 1/2001.

Miles, Frank; Booth, Nicolas (Hrsg.) (1988): Aufbruch zum Mars. Die Erkundung des roten Planeten. Stuttgart: Kosmos Verlag.

Musser, George.; Alpert, Mark (2004): Die Reise zum Mars - Visionen und Konzepte. In: Spektrum der Wissenschaft - Dossier: Der Mars. Ausgabe 3/2004, S. 44-51.

Read, Peter L.; Lewis, Stephen R. (2004): The Martian Climate Revisited. Atmosphere and Environment of a Desert Planet. Berlin, Heidelberg: Springer Verlag.

Reichert, Uwe (2004): Karten, Krater und Kanäle. In: Spektrum der Wissenschaft -Dossier: Der Mars. Ausgabe 3/2004, S. 16-20.

Schiaparelli, Giovanni Virginio (1878): Osservazioni astronomiche e fisiche sull'asse di rotatione e sulla topografia del pianeta Marte: fatte nella Reale Specola di Brera in Milano coll'equatoriale di Merz durante l'opposzione del 1877. In: Atti Della R.

Accademia Dei Lincei Anno CCLXXV (Hrsg.): Memorie Della Classe Di Scienze Fisiche, Matematiche e Naturali. Roma 1878, S. 308-439.

von Puttkamer, Jesco (1997): Jahrtausendprojekt Mars. Chance und Schicksal der Menschheit. Überarbeitete und aktualisierte Auflage. München: Langen-Müller.

Walter, Ulrich (1997): In 90 Minuten um die Erde. Würzburg: Stürtz Verlag.

Zimmermann, Helmut; Weigert, Alfred (1999): Lexikon der Astronomie. 8.Auflage. Heidelberg, Berlin: Spektrum Verlag.

사진 및 그림 출처

19쪽	Dragan Stankovic, Fotolia.com.
32~42쪽	Signets: Ulrike Beck, München.
45쪽	Arnim Reller, Augsburg.
48, 49쪽	United Nations Environment Programme (UNEP): One Planet - Many People: Atlas of Our Changing Environment. Nairobi 2005.
59쪽	H. Vorndran, Digitalstock.
65쪽	F. Aumüller, Digitalstock.
69, 72쪽	M. Krüttgen, Digitalstock.
77쪽	Florin Capilnean, Fotolia.com.
82쪽	Tim Eshuis, Breda/NL.
91, 95쪽	Linde AG, München.
99쪽	titia, photocase.
132, 135쪽	Archiv Rolf Peter Sieferle, St. Gallen/ CH.
140~144쪽	Archiv Rolf Peter Sieferle, St. Gallen/ CH.
150쪽	Michel Halbwachs, Saint Jean d'Arvey/F.
155쪽	Gemälde von Jacob Philipp Hackert; Foto: Richard Wilson.
156쪽	Rakloth, Fotolia.
161, 165쪽	Foto Deutsches Museum, München.
172쪽	aus: Antoine Laurent de Lavoisier et al.: Méthode de Nomenclature chimique (1789).
179, 183쪽	SPIEGEL-Verlag, Hamburg.
193쪽	anoshkin, Fotolia.com.
196쪽(위)	Unbekannt.
196쪽(아래)	Markus Weber, München.
201, 206쪽	Markus Weber, München.
235쪽	Dag Myrestrand, StatoilHydro.
239쪽	Marko Cerovac, Fotolia.com.
246, 249쪽	Peter Schmidt, Konstanz.
251, 254쪽	Peter Schmidt, Konstanz.
266쪽	Simon Meissner, Augsburg.
268쪽	National Geographic Society, MOLA Science Team, MSS, JPL, NASA.
270쪽	NASA.
274쪽	DLR/ ESA/ FU Berlin, G. Neukum.
275쪽	NASA/ MOLA/ MSSS.
279쪽	NASA/ JPL/ MSSS.

역사를 바꾼 물질 이야기 6

이산화탄소
지질권과 생물권의 중개자

펴낸날 2015년 2월 9일 초판 1쇄

지은이 옌스 죈트겐 & 아르민 렐러
옮긴이 유영미

펴낸이 조영권
책임편집 노인향
꾸민이 강대현

펴낸곳 자연과생태
주소 서울 마포구 신수로 25-32, 101(구수동)
전화 02) 701-7345-6 **팩스** 02) 701-7347
홈페이지 www.econature.co.kr
등록 제2007-000217호

ISBN 978-89-97429-49-3 93400